Rich致富 121

越花越有錢：

夏韻芬教你聰明消費，輕鬆理財

夏韻芬◎著

高寶書版集團

Rich致富館 121

越花越有錢：夏韻芬教你聰明消費，輕鬆理財

作　　者：夏韻芬
總 編 輯：林秀禎
企劃編輯：高惠琳
執行編輯：蘇芳毓
校　　對：張天韻
出 版 者：英屬維京群島商高寶國際有限公司台灣分公司
Global Group Holdings,Ltd.
地　　址：台北市內湖區洲子街88號3樓
網　　址：gobooks.com.tw
E - mail：readers@gobooks.com.tw（讀者服務部）
pr@gobooks.com.tw（公關諮詢部）
電　　話：(02)27992788
電　　傳：出版部 (02)27990909　行銷部 27993088
郵政劃撥：19394552
戶　　名：英屬維京群島商高寶國際有限公司台灣分公司
初版日期：2006年12月
發　　行：高寶書版集團發行 / Printed in Taiwan

國家圖書館出版品預行編目資料

越花越有錢 : 夏韻芬教你聰明消費,輕鬆理財 / 夏韻芬著. -- 初版. -- 臺北市 : 高寶國際, 2006[民95]　　面 ;　公分. -- (Rich致富館 ; 121)

ISBN 978-986-185-009-2(平裝)

1. 家庭經濟 2. 消費 3. 投資

421　　95020701

花錢的藝術，理財的魔法
是幸福人生的保證

CONTENTS

4 把負債變資產

越花越有錢

自序

當你下手買東西的時候，考慮的是什麼？我想大多數的人都會想：錢花出去了，值不值得？未來脫手有沒有機會賺錢？如果買的是名牌皮包、服飾，考慮的就是會不會變成卡奴？會不會有罪惡感？當你看完《越花越有錢》之後，應該要有不同的思維。

我的好友美蘭去年看上上海的一間花園小區（樓房式的公寓住宅），當時一平方米約一萬元人民幣（乘上三・三，再乘上匯率，變成台灣一坪的價位），不過大家跟她說太貴了，要三思，結果在今年去附近看，屋價已經上漲一半了！

很多人買名牌如果沒有仔細考慮清楚，那麼這樣東西就會變成未來的廢棄物，反之，謹慎出手，你得到的就是未來的增值空間！我在二〇〇一年買一支百達翡麗最便宜的錶，當時是為了「保值」，因為打聽很久，知道有些品牌即使二手店，價錢都很好，最近發現，錶價上揚到二十五萬元，幅度超過五十％，當然，如果我當時買的是老闆介紹我的另一款錶，漲幅是一倍，因為當時存的錢不夠，只好作罷。

弟弟在今年五月買了一款宏碁的筆記型電腦，要價三萬五千元，除了有王建民的背袋之外，還附贈二個王建民簽名公仔，今年王建民在紐約揚名，周邊商品價格暴漲，弟弟賣了一個公仔，電腦就像是王建民送的一樣。另一個公仔，他決定留著做紀念，無論如何都不賣。

我聽過旅遊投資家吉姆羅傑斯的演講，他邊玩邊投資賺錢，我也認識消費高手陳忠慶先生，連買鋼筆、鉛筆都會在賣出的時候大賺一票，這些都是事實，不是神話。

常常有很多人問我：「有沒有什麼方法又花錢又賺錢？」我十分欣賞也喜歡這樣的消費哲學，慶幸經過高寶集團的同仁、各行各業的專家以及高惠琳小姐的集思廣益之下，終於有具體的答案，也因此促成本書的問世。

本書把生活上可能出現的一切花錢大小事，都有計畫的找出方法，先教你由省錢開始，然後開始精打細算的花錢，然後由花錢中，找到可以賺錢的方法。買房子、買鑽石、手錶，都會讓你具備增值的空間；甚至裝潢得當，房屋賣相好，買的價錢也高些，適合單身貴族或是雙薪家庭參考。

當然，對於買進名車、投資名錶以及裝修房子，在我的能力之外，幸好我也找到過去在我錄製節目中表現專業、中立的朋友協助，例如張業方先生介紹慎昌鐘錶公司總經理應功彥先生、U-CAR 總經理陳鵬旭先生以及摯友美蘭小姐介紹大函設計總監趙東洲先生等三位專家的協助，終於讓本書面面俱到、字字專業，在此致上我的謝意。

還有謝謝凱蕾、莎凌的督促；惠琳、芳毓的細心整理及家人跟親友團提供的各項問題，更謝謝美編以及眾多協助本書出版的幕後英雄跟英雌們！我相信，你們已經找到花錢跟賺錢間的平衡點，更明確知道取捨之間的致富之道，祝福你們，也祝福所有的讀者。

前言

不要忽略機會成本

很多人往往會在省錢的壓力之下，卻忽略了機會成本。什麼是機會成本呢？我舉一個例子，記得我還是記者的時候，每天要趕新聞，有一次必須去林口採訪，當時我沒有開車，但是時間迫在眉睫，我選擇搭計程車，花了六百多元，當時很心疼，不過也沒辦法。

我的同業，也是新聞記者，我們稱他「省長」，因為他非常的省，那一次採訪，他並沒有像我一樣搭計程車，而是規劃先坐公車到長庚醫院，然後搭長庚到林口的交通車，到了林口後，再轉搭公車，這樣花費不到五十元。

結果呢？我採訪到新聞，而他來的時候

已經曲終人散。所以，我覺得，花必要的錢達到目的，這就是機會成本，需要有不同的價值觀。

我常常看到很多求職應徵的人，穿得很奇怪，甚至感覺很貧困，也許是還沒有工作賺錢，也許是不太重視外貌，結果都給面試者留下欠佳的印象；所以為了達到目的，花點小錢，選購一套簡單的套裝來應徵是必要的。還有人穿了套裝，可是卻腳上穿球鞋，甚至拖鞋，都是不好的示範。

其實當你決定要買一件衣服的時候，通常也要學會計算它的機會成本是多少？來決定要不要購買，而不是只看標價而已，譬如當你看上一件上衣時，或許標價為二千元，但其他的機會成本包括：營業稅有五%，就是一百元，坐計程車來逛街的花費二百元、逛街時犧牲煮飯時間，只好買便當交差要花三百元，因此這件衣服的成本便達二千六百元，假設買下這件衣服的心理滿足感沒有超過二千六百元，便不要下手，除非你確定買下這件衣服的快樂絕對超過二千六百元！

還有，機會成本還包括當你穿這件衣服的時候，有多少人稱讚，預期你穿這件衣服可以達到哪一種目的？有人說小禮服不值得買，但是如果有一個場合必須要穿，你就要硬著頭皮買。我有一個朋友應邀參加國外的一個開幕儀式，請帖上註明「請著正式服裝」，大家都說依外國的習俗，一定是禮服級，結果好友不聽勸，只穿了裙裝，因為國內的正式服裝大概穿裙子就可以了。沒想到，國外就不行，結果，她喪失了一筆生意，也因為當天服裝的不當而糗到不行。

注重外表絕對是消費行為的主要目的，雖然很多人會以「外貌協會」的言語譏諷，不過事實上，處在社會生活中，是必須得到別人的認同，這份認同可能包括對品味的讚賞，或是對搭配技巧的佩服，也會間接肯定你在工作態度、生活模式的用心，因此對於外表衣著多花一點心思，也是一種機會成本。

一般來說，服裝搭配的尺度可以稍微廣一點，很多人容易固定某一種類型，在生活上不容易有驚喜，其實除了上班穿得正式一點之外，下班時間，休閒、端莊、可愛點的都是可以嘗試的穿著模式；所以聰明的人，不喜歡被定型，要能勇於接受各種類型的打扮。

大量閱讀流行雜誌、國外網站、新聞等，就可以培養對流行的敏銳度，基本上簡單大方是第一守則，身上的顏色不要超過三種，是比較安全的搭配，如果想要予人優雅、親切、和善的視覺感受，則要謹守「暖色調配暖色調，冷色系配冷色系」的配色原則，還有看場合穿衣服也是很重要的Sense，總不能穿個套裝去Piano Bar，那真會有點格格不入。

想要聰明消費又要兼具機會成本，那就要掌握流行，避免錯誤搭配，還有要努力開源，累積購物的實力。所謂的越花越有錢，是因為你花了錢之後，能再購更多回來。

Tips

手算格式

- 購買一件二千元的衣服成本＝營業稅100＋衣服價格2000＋車費200＋便當費300
- 機會成本＝獲得讚許、獲得工作、升遷、談成交易……

PART 1
花得多，就要賺得多

* 邊玩邊賺錢
* 貴婦投資學
* 又美又增值的鑽石
* 黃金投資大方向
* 買對好錶賺更多
* 小心「王建民」投資熱
* 出國血拼賺退稅
* 精打細算去旅遊
* 便宜遊學有方法
* 這樣換匯最划算

邊玩邊賺錢

想一想，算一算

- 如何把旅遊變成投資？
- 如何觀察當地民情？

旅遊總是要花錢的，很多人想省旅費，充其量，只能住便宜民宿、吃泡麵，如果你的觀念還沒改變，那麼不但失去旅遊的價值，更忽略賺錢的可能性。

現今最會邊玩邊賺錢的人正是投資高手吉姆羅傑斯（Jim Rogers），他曾被時代雜誌譽為「金融界的印第安那瓊斯」，他兩度來台灣，每次演講都吸引很多投資人到場聆聽。

羅傑斯本身也很傳奇，如果對他有興趣的人，可以買他的書來看，他是五歲起在棒球場撿空瓶掙錢，靠獎學金唸完耶魯大學的高材生，六八年帶著全部家當，總共六百美元闖進華爾街，之後他與金融炒手索羅斯

（George Soros）共同創設聞名全球的量子基金，羅傑斯在投資領域大有斬獲，十年中投資報酬率竟逾四千％，八〇年就以「可以退休好幾輩子的錢」自華爾街退休，當時他不過三十七歲！

如今羅傑斯已六十一歲，他兩度環遊世界，第一次自己騎機車跑了十萬公里，第二次和未婚妻以三年時間完成廿四萬五千公里的長征，到過一百一十六個國家，足堪列入金氏世界紀錄的最長汽車之旅。他一路上吃喝玩樂，跟老鴇、商家、政府官員、黑道大哥聊天，也買股票、換匯，他自己都說「我雖然在旅行，但是看到機會，仍忍不住想要投資。」

他身為投資專家，因此羅傑斯每到一地，對當地貨幣支付狀況特別關切，他總是會比較官價與黑市的匯率差別，若官價與黑市價差不大，顯示當地民眾對本國貨幣深具信心；反之，該國的金融體系就可能即將碰上大危機，這就是他的觀察。

他還有很多旅遊的知識與經驗，例如在土耳其，羅傑斯要修理車子，當地的朋馳汽車組裝廠拍胸脯保證，該地生產的品質與德國廠不分軒輊，他驚覺土耳其的發展實力，後來土耳其也成為新鑽十一國的明日之星。

他最近一次來台灣的時候，已經決定要和家人搬到上海定居，十四個月大的女兒現在也已經開始學中文，他們雇了一個只會說中文的大陸保母，羅傑斯還說：搞不好我女兒先學會叫爸爸而非「爹地」。

我印象最深刻的是：在非洲，羅傑斯曾經一個人把波札那股市所有的股票全部買光。當時他發現波札那股市只有七個營業員，整個股市居然只有七檔股票，股價很低，而且全部發放現金股息，但是波札那城裏到處是高級轎車、貨幣可以自由兌換，羅傑斯當場決定買下全部股票，並告訴他的經紀人，以後上市的每一檔股票，都要幫他買下來。二〇〇二年波札那被美國「商業周刊」評為十年來成長最快的股市，羅傑斯抱股抱了十三年後，全部出脫，大獲全勝。

三次橫貫中國的羅傑斯，一九九九年當大陸B股崩跌時，他大量購入，成本只有廿美分，到現在B股漲翻天，平均報酬率十幾倍，羅傑斯到現在還沒賣，因為他認為他在二〇〇三年的上海看到了一九〇三年紐約的影子，一切正要開始蓬勃發展。

羅傑斯在美國股市的名氣不遜於索羅斯、巴菲特及彼得・林區這三位投資家。羅傑斯在哥倫比亞大學演說「投資學」時，巴菲特甚至在台下聆聽，他可以說是邊玩邊賺錢的典型代表。

在我週遭的朋友中，很多人也領會到邊玩邊賺錢的樂趣，投資手法雖然遠不及羅傑斯，但是足堪為一般人學習的對象。有一位朋友在當導遊，去法國的時候，就會帶LV的皮包回來賣，價格是台灣的七・五至八折（依匯率有所不同），每次都能小賺一點；去泰國，就帶空姐最愛的曼谷包回來賣，現在有人託她買高級的訂製皮件，更是讓她的外快直線上升。

還有一次跟郭世綸、寶媽上節目，發現他們兩個真會賺錢！他們去日本玩，大量買進流行的服飾、帽子、配件、球鞋，然後在網路上賣出，雖然我笑他們撈過界，什麼錢都要賺，但是也不得不佩服他們能夠邊玩邊賺錢的理念。

現在有很多人到香港迪士尼去玩，除了帶孩子之外，都會預留一個小時到銀行開戶，還有人出差到北京、上海，就順便去四大銀行開個戶。好友瓊琪去年到北京開戶之後匯了四萬美元到戶頭中，不到半年就因為人民幣升值，把旅費賺回來了。先開戶，未來就可以把錢匯到大陸，二來也可以在當地作投資規劃，這些都是旅遊的附加價值，不可以輕忽。

Tips

- 買當地風俗品回來網拍是補貼旅費的好方法。
- 在中國大陸開戶，最好選四大銀行比較有保障，帶護照就可以開戶，先不用急著存小錢，以免收管理費。

貴婦投資學

想一想，算一算

- 何謂貴婦的思維？
- 如何又美又增值？

以前，我跟很多人一樣，不了解為什麼有的人會把一棟房子的錢戴在脖子上，也不懂有人把一部車的錢掛在手腕上，更別提左右耳朵掛的是我一年的年薪！

無可諱言，大多數時候，當一個人大手筆的買進名牌的華服、珠寶的時候，我只能想說是錢太多了吧，也許他們的一百萬，跟我們使用的一百元差不多，畢竟有錢人的錢，真的是多到用不完。

後來逐漸發現一般人有錢之後，自然希望改善生活，希望錦衣玉食，希望名車豪宅，自然也會要求「重量級」的珠寶、名錶、古董來彰顯自己的身價與品味，所以用好東西剛開始會是花錢，到最後會發現有投資的氛圍。

特別是當我接觸到投資商品之後，發現有一套既奢華又投資的思考邏輯，也許很貴婦就是知道這個訣竅，才敢大膽買進。

以貴金屬來說，漲幅驚人。近三年重要金屬漲幅如下：〈資料來源：Bloomberg〉

鎳：155.8%

銅：248.9%

鋁：81.4%

鉛：182.7%

其餘包括鑽石、白金、白銀等短期的漲勢也是驚人，這種情況之下，買了這些貴金屬不但美麗加分，財富也加分。

過去我們接觸的媽媽級人物，總是會在晚年說一句話：「我一輩子省吃儉用，都是為了孩子！」（當然，本省籍的媽媽，例如我媽，用台語說起來，為了死囡仔，更是說得絕透）。當然，媽媽不會認為我是「死囡仔」，但是言語中難免有點遺憾。

在我媽媽那個年代，省吃儉用都是為了家計、為了孩子，連唯一犒賞自己的方式也是菜市場中買便宜的衣服，更別提首飾或是華服。

現在的媽媽就像我一樣，雖然慢慢掙脫社會的包袱，偶而會慰勞自己，上百貨公司買東西，但是還是想到「留一點給孩子」，常在物慾跟孩子之間做取捨，贏的往往是孩子，委屈就留給自己。

我希望以後的媽媽會有不同的思維，現在投資的面向很多，例如鑽石、名錶〈本書25、39頁有介紹〉，只要買到有保障的好東西，不但會幫自己美麗加分，同時也會增值，還可以留給孩子作紀念，如果孩子不喜歡，拿去換錢，也就是留給孩子的最好的財富。

想像一個快樂的媽媽，她把花錢買的珠寶、鑽石、黃金、手錶，掛在自己的身上，顯得貴氣逼人，別人都稱讚她漂亮，於是她自然不會抱怨孩子、家庭的拖累。然後孩子長大了，要結婚了，媽媽拿出一對鑽石耳環來，改成一對婚戒，小夫妻就有高貴的定情物。

等到有一天，媽媽要舉行「畢業典禮」了，通常就會出現一位不孝子，因為他從來不會噓寒問暖，也不會請媽媽吃飯、克盡孝道，但是卻會在媽媽「走的時候」分一杯羹，那個人就是—國稅局。但是那一天，他會發現媽媽沒有什麼現金或是房地產，課不到遺產稅，但是媽媽的金條以及鑽石都已經分給了摯愛的孩子，我覺得真是一個「HAPPY ENDING！」。要美，又要會增值，同時確保財富可以留給下一代，你就要學習貴婦的思維！

Tips

・投資珠寶除了可以配戴之外，更可以省下遺產稅，這就是貴婦出手大方的秘密。

又美又增值的鑽石

想一想，算一算

- 什麼樣的鑽石可以投資？
- 該到哪裡買鑽石？
- 如何跨出投資鑽石的第一步？
- 要怎麼存投資鑽石的基金？

鑽石為什麼讓女人深深迷戀？時尚界的女王可可香奈兒就說：「鑽石在最小的體積內容納了最大的亮麗」，這句話反應出鑽石的閃耀光芒，時至今日，鑽石的魅力有增無減，除了讓女人更加耀眼，也會讓你的投資增值，這個變化，值得所有男女去注意這個趨勢。

過去很多女人買鑽石，多少會承受一些敗家的惡名，不過，現在如果買鑽石，等於是幫自己或是先生儲蓄財富，已經成為當今重要的理財管道！

自二〇〇五年以來，黃金、石油等礦產大漲，也使得鑽石的價格蠢蠢欲動，目前的零售消費市場早已陸續調漲鑽石售價，貨源短缺嚴重的一克拉以上鑽飾，調漲幅度最大，多少也驗證鑽石上漲的趨勢。

再加上這兩年來，新興市場的名詞不斷被投資市場所運用，新興市場的興起就是窮人大翻身的契機，以目前最紅的金磚四國，包括巴西、俄羅斯、印度以及中國來說，全世界有二十六億的窮人正在翻身，窮人變有錢之後，需要什麼？豪宅、珠寶、華服，甚至古董、字畫都是標的，這也就是未來投資的大趨勢，現在已經有許多人開始加入高價珠寶市場的蒐購行動，翡翠、彩鑽，都是標的，鑽石則是越大越好！

這個說法跟過去女人談「鑽石大就是美」的意義不盡相同，因為除了炫耀的功能之外，鑽石越大，投資的價值越高，當然，如果不是為了投資，只是為了裝飾，那麼選擇鑽飾也有基本的功課要做。

我一個朋友，小芬珠寶的經理唐懿幫我上過課，他說買鑽石有四大點一定要注意：

一、先挑選可以信任的通路：

如果一般消費者對鑽飾商品不夠瞭解，很容易陷入價格的陷阱中，一聽到是「專人帶回來的」、「水貨」等，就以為便宜，能夠佔到好處，其實風險卻是很大，因此找通路，賣方的誠信度是一大保證，因此大的品牌，不會輕易的做出自砸招牌的作法。

二、預算決定一切：

包括鑽石大小、設計、亮度等，因為「一分錢，一分貨」的信念不會改變，當然對於有心投資的人來說，我建議不要花太多錢去買鑽飾，考慮三十分為主的鑽石，以後比較容易以小換大，也就比較具有保值性。

三、有沒有證書？

證書最好是國際間認證的，不是由銀樓或是珠寶公司自己出具的，而在購買時，選擇有美國寶石學院（GIA）認證的好寶石。就價值來說，一克拉以上的鑽石，和最近很熱門的粉紅鑽，最能保值。一克拉以下的鑽石則以裝飾功能為主，除此之外，產品設計是不是獨樹一格？是否限量生產？都會決定未來產品價格的漲跌，尤其高價位商品在拍賣市場的拍定價位，更以質與量為主要關鍵。

四、學會基本的功課：

也就是會看車工與設計，然後會比鑽石的乾淨度、等級等；投資珠寶和投資股票的基本理念應該都是要投資好的東西，像買股票要買績優股，買寶石也要買好的4C，包括克拉（Carat）、淨度（Clarity）、顏色（Color）、車工（Cut），完美的寶石才能保值，進而讓人投資獲利。除非是為了要保值，否則，有些設計優良與車工精美的鑽飾，即使是乾淨度較差，但是只要切面好、車工佳，表現出來的閃亮度往往超越一切；反之，如果是為了保值，那麼等級就最重要，其他的誇飾都顯得微不足道。

至於二〇〇四年開始流行的彩鑽趨勢，包括粉紅鑽、黃鑽、黑鑽等特別受到消費市場的青睞，加上彩鑽的供應量原本就相當稀少，調漲幅度更是特別明顯。

其中粉紅鑽近年來更是受到市場的歡迎，但是產量並不多，所以就市場供需來說，粉紅鑽最具投資潛力，很多珠寶設計師都說，粉紅鑽或粉紅寶石，還可以紅好幾年。粉紅鑽可以透過蘇富比或佳士得拍賣來獲利。目前世界彩鑽的三大產地為巴西，非洲及澳洲，因為彩鑽的產量非常少，不只是市場上看不見，就算在全球各大鑽石交易中心，也未必能遇到一顆好的彩鑽。

現在已經有很多人開始注意彩鑽了，基本上彩鑽具有「因為稀有，更顯珍貴」的道理，根據業界的統計，平均一百萬克拉的鑽石中，只能找到二克拉的天然彩鑽，在高級珠寶市場上，彩鑽因具有罕見的色彩與閃度，因此凌駕任何有色寶石，天然彩鑽（Fancy Colored Diamond），後市行情看俏，有心者也可以現在開始研究彩鑽。

高價珠寶、鑽石等，近年來大受時尚名人青睞，如果以投資的角度來說，珠寶、鑽石，既能配戴，又可以保值，折損率很低，可作為不錯的投資理財標的。

因此購買時，也應留意鑽石的重量，一般以一到三克拉的流通性較好，保值也佳。在選購時，如果考慮以保值為訴求，建議可以一到三克拉的鑽石為主要標的，原因是此類大小鑽石市場流通快。要注意的是，購買時一定要選有國際鑑定如GIA所認證的鑽石，價格、品質才有一定保障。

雖然買一顆鑽石是所有女人的夢想，但是鑽石的單價高，不是每一個人都可以買到心中的世紀美鑽，尤其是要投資鑽石更需要比較大的資金，在財務的調度上，需要有計畫執行。

如果以佩戴型為主，也就是只考慮搭配，那麼資金不需要太多，可以以三十分做一個標的，其中戒指為首選。戒指戴在手指上，很容易凸顯，三十分的項鍊就顯得小，所以先買戒指，再買項鍊，最後才是耳環、胸針。因為耳環分兩邊，胸針一大塊，都是單價比較高的產品。現在有很多珠寶商家會願意回收鑽石，可以小換大，所以初期資金大約五至六萬元，應該就可以如願以償。

要「籌措」購買鑽石基金，其實並不難，我的朋友固定一個月存二千元，二年就幫自己買到一個打過折，看起來還是很耀眼的鑽石戒指。

她還希望等多存一點錢，把三十分的戒指拿去換大一點的戒指，這樣就可以進階到一克拉的族群，這就像我之前說過，先買小套房，然後再作為換大屋的基金，是一樣的道理。

還有一個朋友，看上一個一克拉的戒指，因為可以兩用（可以當戒指，也可以當項鍊），但是價格接近三十萬元，於是她想到一個好方法，她結婚時，跟老公約法三章，每逢她的生日（包括農曆生日）、情人節（包括外國的跟中國的七夕）、母親節、結婚紀念日、訂婚紀念日、認識一週年紀念日、過年壓歲錢等，都要求老公不要送禮物，但是要包一萬元現金給她。就在她的「精心計畫」之下，這顆三十萬元的美鑽不到三年就到手了。

我也曾經問過她先生，難道可以容忍太太用這種手段來A錢嗎？他回答得也妙。他說：每到了值得慶祝的日子，總是想破頭找餐廳、買禮物、送鮮花，花費起來不會低於一萬元，萬一碰到工作忙碌，忘記慶祝，想到要冷戰一個星期，更不划算。如今全都省了，直接給現金，而且老婆的鑽石以後還可以換個戒台給未來的媳婦當婚戒，非常划算，所以，現在他老婆正在進行買耳環的計畫，他則是照單全收！

我覺得這構想不錯，打算如法炮製，不過我想我老公大概只會給我五千元，不過也沒關係，等個六年也能A到美鑽，還是值得！

沒有結婚的人也不用氣餒，自己買，不用花腦筋搞心機，把投資賺得錢拿出來買鑽石也不錯。例如我妹妹單身，她把基金賺的錢贖回來買鑽石，既保值又可以增值，也很划算。總之，買鑽石需要計畫，不是心動就可以馬上行動！

我還有一個好友婉玲也是超級買家，她都是在百貨公司週年慶時買珠寶，一來有滿千送百的優惠，二來還可以無息分期付款，若想買高價一點的珠寶，那就跟老公預支生日禮物，還可以達到美麗增值的效果。所以，她平常就會到百貨公司的專櫃了解商品，有時候還會請業者把公司貨調來賣場供她挑選採購，這樣才能夠買到心目中喜歡，而且經濟上可以負擔的美鑽！

Tips

- 珠寶、鑽石，既能配戴，又可以保值，折損率很低，有人還用在贈予及避稅的用途，是極佳的投資理財標的。

黃金投資大方向

想一想，算一算

- 黃金投資工具有哪些？
- 最佳入門工具是何者？

因為專家說「黃金價格五年內有機會上看一千美元」，很多人聽到之後就開始瘋狂的買進金飾，尤其一位美女戴著黃金項鍊去倒垃圾的廣告太成功，讓人覺得金飾是又美麗又可以增值的投資，其實，只對了一半！

台灣的金飾設計精美，很多國外的人都喜歡買，更何況是國人，不過美則美矣，要增值並不容易，因為金飾的設計費很高，還有金飾買的時候，鑲在週邊的每一個碎鑽、寶石都算錢，等到要回收的時候，不但裝飾品都不算錢，還要收十％到二十％的耗損，這也就是說，買了金飾的投資並不划算，起碼設計費加上耗損在投資上已經先「損失」二至三成。

反而是去年黃金價格上揚，有不少民眾將家中的舊金拿去銀樓變現，小賺一筆，這就是逆向思考賺錢的因素，現在由於目前金價處於整理期，一般人若是想要購買黃金飾品保值，建議以出售時不需要扣掉耗損的黃金條塊才是首選。

因此包括金條、黃金存摺、黃金基金、礦脈基金都比飾金適合投資，不過保守型的人還是稍微佈局就好，很多人興沖沖的告訴我說，金價創新高，是二十六年的新高，我都跟他說，三十年的新高還沒創，因為我小的時候，爸爸就幫我買一對金鐲子，等我結婚的時候給我，當時一錢超過三千元，現在一錢大約二千四百元左右，如果當時買來投資，現在還在賠錢！

投資黃金，一般人多半想到金條、金塊，或者黃金基金，不過大家要想到黃金價格飆漲愈高，投資人要參與黃金投資成本就愈高。

要坐享金價走揚，買金條、金塊投資，還要先買保險箱，賣出管道少是問題；買黃金基金，是不錯的好方法，但單筆投資至少要上萬元，若是沒有太多錢的民眾，則考慮「黃金存摺」。

基本上我認為「黃金存摺」是投資黃金的最佳入門工具，不僅投資門檻低，購買一公克黃金，才新台幣六百多元，不論單筆買賣或小額申購長期投資均適宜。

「黃金存摺」是買賣黃金時，以「存摺」登錄買賣交易記錄，投資人可隨時到銀行臨櫃或電話委託（要收手續費一百元）辦理買進黃金存入存摺，也可隨時將黃金回售給銀行或提領黃金現貨。

國內金融機構中有三家有「黃金存摺」，包括兆豐國際、中央信託局，外商銀行則有花旗銀行，不過，各家規定不一。

前二家國內金融機構所推的「黃金存摺」最低申購量才一公克，還可以提領實體黃金（提領後就不能再存入或回售給銀行），至於花旗銀行以十盎斯（三一一公克）為買賣單位，但是不能提領實體黃金。

事實上，金價不是一般人可掌握的，黃金基金也非「定時定額投資」就可等著獲利那麼簡單。貝萊德投顧（前美林投資管理）董事長張凌雲就曾指出一項調查：二〇〇三年一整年，旗下的黃金基金漲了一百%，然而，投資這檔基金的投資人平均獲利僅十%。追究原因就是黃金市場波動太大，投資人往往會承受不了風險，總是「買在最高點、賣在最低點」。

黃金基金較適合波段操作，就算投資也不建議大量持有，投資比重頂多一成即可，保守型的人，更是淺嘗即可，五％就好。

既然黃金基金適合波段操作，那麼何時可進場？何時又該獲利了結？有幾項黃金市場的觀察指標，包括：各國央行儲備貨幣政策、油價、通膨、國際情勢、季節需求等。

根據世界黃金協會（GFMS）近期調查，截至今年上半年止，黃金生產量較去年同期減少約一．五％，主要央行黃金供給較去年減少約六〇％，然而黃金投資需求仍持續，儘管短期金價走勢較為波動，在基本面支撐下，GFMS 預料今年第四季金價可望有約七百美元的水準。不過，我的朋友，也是素有黃金王子之稱的中央信託局貿易處襄理楊天立表示，黃金的長期趨勢還是看好，只是因為去年以來到今年第二季，市場一下子湧入太多資金，把金價炒高，造成高檔時套牢賣壓較大，資金面上需要再整理，一般預期現在到明年上半年，金價短期會處於不穩定的情況。

通常年底，尤其第四季有三項支撐金價的利多因素。第一為美國暫停升息，利差吸引力降低，一般預期未來美元將走弱，對金價為正面因素。其二便是第四季為傳統的季節需求旺季，印度在十月底、十一月初時，有傳統宗教節日「排燈節」，加上中國人、印度人年底的結婚旺季來臨，都會帶動黃金實體需求。

如果你現在想要投資黃金，怎麼做？目前市面上的黃金投資工具，不外乎黃金條塊、金幣、黃金存摺、黃金帳戶、黃金期貨和黃金基金等。基本上，黃金存摺適合對於對黃金市場較不熟悉、或者投資屬於穩健型的人，積極型和風險承受度較高者，則可以考慮黃金存摺加上黃金基金，專業又喜歡冒險者，可以黃金存摺為基本避險部位，再增加黃金基金、期貨、選擇權等投資。

Tips

- 擁有黃金存摺的投資人買黃金，可以一克、一克的買，若考量到「手續費」，單筆投資的金額也不宜太少，若可自己親自跑銀行辦理就可以不收手續費。
- 黃金存摺的投資人要注意，以電話委託一筆的手續費是一百元，一克、一克買黃金並不划算，中央信託局指出，假設買五克黃金，每克黃金分攤的手續費就二十元，買一百克，每克成本就一元，若加上買進、賣出價格有五元價差，金價要漲二十五元以上，投資人才有賺頭。

買對好錶，賺更多！

慎昌鐘錶總經理　應功彥

很多人跟我一樣都買過很多手錶，有便宜的，也有流行品牌的手錶，但不管是Gucci、Chanel，等有一天發現流行過了，手錶的價值也消褪了。

一直到有一天，一位行家小李告訴我：拿你一年收入的三成到四成買一只好錶，包你美麗又大賺！我聽了他的話，只花了我年薪的二成買他建議的品牌，一年之後，我賺了大家的稱讚，也賺了五〇%。

在此我邀請業界的行家慎昌鐘錶總經理應功彥跟大家分享手錶投資。

近幾年，大家開始關心起「手錶」能不能投資？如果我們從安帝古倫、蘇富比、佳士德這三大手錶拍賣市場來看，這個答案無疑是肯定的。因為令人咋舌的成交價格，的確讓人想像不到，數十年後，居然會產生數倍以上的成交價格，然而雖然有這樣的投資機會，專業知識和預算規劃，則和其他投資管道一樣，都是不容忽視的。

八〇年代後，收藏機械錶風再起

台灣收藏機械錶的風氣，是最近十多年逐漸演變的潮流，六、七〇年代之前，台灣還是以購買房子、車子為最主要的身分象徵，後來因國際貿易而開拓的國際視野，使得台灣對於鐘錶的概念越來越能與國際接軌，尤其近十幾年來，國內自辦鐘錶專業雜誌興起後，小小的台灣地區就能維持三至四個專業鐘錶雜誌發行的胃納量，使得台灣地區在充分的鐘錶資訊下，催生了更多對鐘錶具專業熱愛的消費者，加上從二十世紀八〇年代後期機械錶在國際市場的明顯復甦，各大錶廠以絕佳的鐘錶製作工藝，在拍賣市場上迭有令人亮眼的拍賣成交價格，更推動了機械錶重回市場，而台灣在擁有充分專業資訊的衝擊下，促使本地成為高價機械錶品牌特別重視的市場。

眼光勝過價格，挖掘明日之星不能只靠運氣

早期台灣的買家，盤算關稅差價後，有時還會前往國外如香港、新加坡等地區購買錶款，但在台灣展現驚人的消費實力及充沛的競爭市場，加上買家的回流更讓台灣的重要性更形凸顯，因此，許多「大錶」（超過千萬元的錶款），或是特殊功能錶款即不斷以台灣為上市發表的重鎮，尤其最近幾年，台灣的手錶消費力著實讓外商大開眼界。然而這些「大錶」或者動輒上百萬元的特殊功能錶款，就值得「投資」嗎？這倒不一定，回歸錶款功能，以及是否能投市場所好才是關鍵；就好比投資股票一樣，今日明星有時卻成了明日黃花，一段時間後，許多錶款不一定仍保有當年的價值。

例如二〇〇二年，百達翡麗就以一款製造於一九四六年的「世界時間錶」，在拍賣市場上以遠超過一億二千萬元台幣的天價成交。然而這款世界時間錶的功能，被百達翡麗錶廠視為「半複雜功能錶」，也就是這款錶的製作，對錶廠來說並不是「頂複雜」，所以呢，投資錶款並不需要和眾多收藏家搶破頭，重點還是在眼光和專業知識。更重要的是要記住，「數（量）大就是美」似乎並不適用於

收藏界，而且不僅要認清「物以稀為貴」，還要冷靜選擇進場的時機。

選購時釐清收藏或自用的目標

有些機械錶迷初入門，就秉持收藏的觀點尋尋覓覓，這個問題應該先釐清，到底是要佩戴還是要收藏？如果是佩戴型的錶款，就不必拘泥太多收藏的原則，佩戴型的錶款所要考慮的問題比較簡單，主要是個人使用的場合，區分出宴會型、日常上班佩戴型、居家休閒型，以及運動型等款式即可，若更仔細的區分，就可加入佩戴時所要面對的對象為何？例如和客戶見面、與長官會談等。由於攜帶方便，可以隨身進入各種場合，手錶幾乎已經成為辨別身分象徵的同義詞，甚至兩手各佩戴一只錶款的「雙槍俠」也不少見，但這些「雙槍俠」常常不是為了愛炫耀，而是喜歡藉此吸引同好，讓大家分享一些錶款的使用心得，這也是台灣機械錶市場蠻特別的消費行為。

投資購買重點：品牌、限量、話題性、自有機芯

選購收藏級的錶款，品牌是很重要的選擇標準。在鐘錶史上，機械錶曾於一九六〇年代遭逢電子、石英錶發明及大量上市的重大衝擊，有許多錶廠因為競爭力不足而無法持續經營，其後衍生的問題就在於售後服務上。若從投資的角度看，這些現在因為機械錶市場好轉而被購買、再重新上市的「借殼」品牌，多少還是會被質疑是否有持續經營的可能。因此，品牌將是一個是否值得投資參考的重要指標。而目前在鐘錶拍賣市場上，相對強勢的品牌則以百達翡麗、勞力士等運動款系列錶款較明顯受到青睞。

其次，限量與話題性是另外一個搜購時必須考量的重點。當錶款背後有一個值得被傳頌的話題時，往往就會引來買家的關注，像是Omega與F1賽車手舒馬克的合作，當二〇〇五年中斷八連霸時，七連霸遂拍板成為賽車史上的紀錄，這時，Omega是否會推出七連霸紀念錶款，就值得特別關注，畢竟這是賽車史上相當難以超越的紀錄。其次，限量多少只，也是個相當重要的關鍵。所以，看熱鬧的讀者不難發現，即使新上市的鐘錶款式中，有許多「限量××只」、「×××紀念

錶」，無非就是引發市場喜好獨特的心理，以及紀念錶往後被追捧的想像空間。因此，這種直接標明為限量錶款，或是紀念錶款的未來性就相當值得期待。然而，任何商業交易行為都會牽扯到誠信問題，這些所謂「限量」、「紀念」錶的題材是來自行銷的操作？還是確有其事？就必須由多方面資訊比對，才能真正達到收藏的目的。

另外一項：話題性，是來自技術研發的獨特性，這種錶款的特殊性是來自錶廠的「基本面」，值得特別關注，但是這種話題性，還是需要以知名度做支撐，如果普遍買家不熟悉，便很容易流為孤芳自賞的蒐藏品，在缺乏買家追逐的熱情下，自然不容易有好的拍賣價格。

自有機芯也是一個收藏的重點，但在非自有機芯中，也必須區分出專業高級機芯廠與共用機芯意義上的不同，過去就有些知名錶款採用的是「專業機芯廠」的高級機芯，在市場上依舊獲得好評。共用機芯廠的機芯，一般指的是提供給大多數錶廠的共用機芯大廠所製作的機芯，好處在於經過市場長期的測試，所以穩定性夠高，但也因為這個原因，部分錶廠基於節省售後服務與考量投資機芯的效益評估，認為回收不易，於是採取購買共同機芯後再送回自有廠房加裝其他功能性組件，或是修飾機芯機板。然而這些動作依舊未能解決基本機芯相似度過高的問題，相形減損了鑑賞的價值，導致未來被收藏的可能性亦隨之降低。對於這些共用機芯，消費者必須特別留意，大部分廠商會將共用機芯編號變更為自己的編號，造成一般人難以辨認基礎機芯的來源，因此購買時應該要親口詢問店家以確定是否為自有機芯，或是專業高級機芯廠的代工品。

購買後重點保養與維持品相

有些錶款以「特殊款式」為訴求，這些特殊款式的錶也可做為參考標的，通常表現在面盤配置或是錶殼形狀等較為周邊的外在錶款特徵，除非是第一代具有限量、紀念、出自名家手筆等特殊意義的生產，否則，過多的量產仍舊會減損其價值。然而，即使買到市場稀有的好錶，定期保養的工作也不能忽視，因為錶體會因時間自然消耗，若想在拍賣或轉手市場上有好的轉手價，細心的保養絕不可少，尤其是琺瑯、瓷面的錶款，不經意的碰撞常會造成損傷，對於往後的轉手價格會有決定性的影響。

入門預算以四分之一年薪為準

依照目前可觀察到的消費者購買錶款習性，個人會建議一般授薪族在購買錶款的時候，預算規劃以年薪的四分之一為範圍，以台灣平均年薪約四十五萬元為例，當年度的預算，可以約十二萬元做考量。高複雜功能錶款因單價過高還無法負擔，初入門者可慢慢增加預算的配置，從日常型錶款著手，以培養對錶款的專業知識。事實上，以這樣消費金額估算，都已經可以負擔許多知名品牌的錶款折扣後的交易金額。

鑽錶以佩戴為主，收藏仍需回歸投資要訣

鑽錶通常是以設計為主，因此，搭配上主要以石英機芯為大宗。石英機芯的問題主要是涉及內部零件的保用期限相對較短，未來零件的補充性有疑慮；機械錶則具有內部零件可替換性高，因此較有利於久藏、傳家等優勢。所以，購買鑽

錶通常以滿足購買者當前人生狀態為主，適用於重要時刻彰顯自身的地位，但有些更為講究的鑽錶，還是會改採機械機芯的製作，就有利於傳世的價值。至於鑽石機械錶，還是要回歸機械錶投資的幾個原則：品牌、限量、話題、自有或專業高級機芯。

非專業不適合短期投資，長期較具保值空間

想在短期內買賣機械錶獲利，對於一般人來說，應該是有相當的困難度，因為有些品牌的特殊錶款早被識貨的行家提前訂走，這些錶款有時短期內奇貨可居，但時間稍長，仍可能會回落到正常價格的範圍，因此，如果沒有很大的財力支撐，基本上應以正常的買賣心態較為恰當。如果是日常功能性錶款，考慮使用的範圍，例如潛水運動型、沿岸戲水型、山嶽歷險型、一般高山型、一般運動型、日常生活型、休閒或上班型、宴會型等，根據使用功能購買足以負擔的錶款；更重要的是，這些機械錶款只要使用得當，維持良好的品相，並且每三至四年定期保養，不論是傳家或是轉售，其價值都會遠高於一般石英錶。

入門品牌以百達翡麗、勞力士為首選

一般國內對機械錶懷有高度熱忱的買家，應該常見到媒體報導某企業家鉅子是蒐藏錶款的大戶，這位實業家買進的入門收藏錶款，是百達翡麗的3919，這個選擇就專家的眼光來看是相當正確的。當錶廠宣布停產的錶款，常在越接近停產期時購買的人越多，因此，當你讀到停產訊息的時候，事實上就是一個不錯的買點，畢竟停產後就等於限制了發行的總量，透過時間的耗損，未來存留下來的數量只會更少。另外，不論個人對勞力士有任何負面評價，但仍須承認勞力士的耐用度確實相當高，當前該運動錶款的搶手程度更是行內皆知。所以，這兩種品牌不論佩戴或是入門蒐藏，都值得推薦。

Tips

- 目前在鐘錶拍賣市場上，相對強勢的品牌則以百達翡麗、勞力士等運動款系列錶款較明顯受到青睞。
- 一般授薪族在購買錶款時，預算可以四分之一年薪為準。
- 限量、話題性、自有機芯是蒐藏錶款的重點。

小心「王建民」投資熱

想一想，算一算

- 投資王建民有何風險？
- 「收藏王建民」的三個要點為何？

喜歡王建民的原因很多，除了他是台灣之光，球技好、長得帥、說話謙虛都是原因，但是有更多的人喜歡他的原因是「會賺錢」，說穿了就是想靠王建民發財，於是拼命投資王建民周邊商品，荷包大幅失血之下，要賺多少回來？會成為日後很殘酷的問題。

王建民最近引爆了國內所有的商品大混戰，台灣各個產業無所不用其極地想要在王建民的個人商品上沾光，商品潮一波接著一波，因此想要蒐藏王建民個人紀念品的球迷，就要趕快努力賺錢塞滿荷包，才能應付！當然球迷想要買下「全套」的王建民商品，可能必須趕快存錢才行，而且還要手腳夠快，否則有些商品是有錢也不一定買得到，總之，「收藏王建民」不是普通的困難。

其實是很簡單的道理，只要王建民能穩定保持精彩演出，並且在明年持續出現好成績，以及順利獲得數百萬美元以上高薪合約，未來收藏建仔限量商品的門檻會無限向上攀升；價格自然節節上漲，當然，如果王建民未來表現不如預期，不但他本人身價無法上揚，屆時限量商品也將難以保值，這就是資本主義的遊戲規則，想要靠王建民發財的人，顯然要有強壯的心理準備。

前不久在網站拍賣今年初發行的王建民的公仔，價格從原始價一千五百元跳升到二萬八千至三萬元，不過有收藏家說，這款發行數量達到三千個的公仔，由於沒有官方的雙重認證，現在行情價已滑落到一萬四千到一萬六千元間，買在高點的球迷已經住進「套房」！

王建民商品有多熱？以前不久興奇科技在中午十二點與傍晚七點兩波銷售簽名照和簽名球，兩百張照片半小時內賣完，九十九顆簽名球賣得更快，二分四十二秒就賣完，就知道大家搶得有多兇，海報每張售價一萬元、球賣一萬兩千元。中午第一波搶購結束，下午就有人放上拍賣網站，一張海報喊價一萬四千元起跳，還有人標出十萬元直接購買價。

這種現象不足以說台灣消費者熱愛王建民，只能說大家真是瘋了，同樣大小的簽名照片，而且是STENIER（洋基隊總經理開的認證公司）官方認證的，只要台幣七千元就買到了，光是認證公司的知名度就差了一大截，所以才有收藏家說「我第一次看到，還沒拿到獎，紀念簽名球就出來了」。王建民現象曝露了台灣消費者淺薄、一窩蜂，也不做功課研究的狂熱。

這種現象就是我最擔心的情況，真心喜歡的人還是替王建民加油就好，就像我每一次看到他出色的球技、靦腆的笑容、謙虛的談吐，喜歡的不得了，但是要投資就要多考慮，買到高價、出手時機不對，都容易套牢，想要靠王建民發財的人真的要小心。

很多人不知道王建民在美國打球七年的時間，沒沒無聞，去年王建民手臂受傷，但是宏碁和王建民簽約，就投資的眼光，當時正處王建民的低潮期，王建民還問經紀人，在台灣宏碁的知名度比我還大，為什麼要找我代言？王建民的疑問不無道理，但是宏碁更知道「低檔投資」的絕妙，今年王建民的行情高漲，身價大大的不同於去年，賺最多的應該就是宏碁，面子裡子都有！

我記得國內收藏王建民個人相關物品的行家徐振湖，提出「收藏王建民」的三個要點：一、一定要限量，而且有保值的東西；二、最好要有美國大聯盟與洋基隊的雙重認證；三、與王建民出賽有關的物件；把握這三個條件，就可以買得安心。

一般人很可能瞠目結舌，怨嘆「為什麼有錢人才能收藏建仔？」但是，只要了解王建民所屬的美國職棒大聯盟，正是資本主義運作絕佳的地方，這股「限量擁有」的商品化熱潮，其實才剛剛開始而已，想要投資的人，錢要多、眼光要準、還有功課要做！

喜歡王建民沒有問題，但是想要投資或是收藏王建民的人還是要謹慎為上。在資本主義運作之外，國人還有很多方式表達對於王建民的支持，這股來自家鄉支持的力量才是支持所有旅外球員艱辛奮鬥的最大後盾。

Tips

・「收藏王建民」的三個要點：一、一定要限量，而且有保值的東西；二、最好要有美國大聯盟與洋基隊的雙重認證；三、與王建民出賽有關的物件。

出國血拼賺退稅

想一想，算一算

- 何時是出國採購的好時機？
- 國內外名牌價差有多大？
- 國外消費稅怎麼退？
- 怎樣計畫出國血拚？

想要出國撿便宜貨，每年的年中正是時候，不但國內的百貨公司拚命祭出折扣戰，希望爭取精打細算消費大眾的荷包，國外的血拚團更是祭出「一石二鳥」的策略，鼓勵大家邊旅遊、邊採購，因為「國外買東西便宜，省下來的錢，就夠機票錢囉！」

的確，最近我的一位好友婉玲就跑去香港大肆採購回來，她專程去買了一個LV的包包，算一算比台灣便宜八千元，而她這趟的飛機票不過八千元，所以她大呼值得，而且還鼓勵大家買得多！賺得多！

以時間成本來算，香港應該是年中採購的好去處，其實國內外都一樣，每年都有年中以及年終的折扣，前者以採購春夏商品為主，後者則是秋冬商品，一年買兩次，的確足夠了。去香港的飛行時間短，同時有許多優惠的機票，還有很多信用卡銀行推出，只要推薦別人成功辦卡就送香港機票。另外，各網站、旅行社也都有推出促銷機票以及加價送的機票等等，價錢都很便宜；如果利用便宜機票前進香港，不但可以買到便宜貨，還有美食可以享用，我覺得十分划算。

以價位來說，在香港購物，大約是台灣名店價格的八五折左右，高單價的價差就更多，以台灣十萬元價位來說，不管是包包或是鞋子，甚至名錶、珠寶，在香港約八萬五千元就可以買到，大約差了一萬五千元。

歐洲也是購物天堂，以我前陣子去的巴黎來說，所有的精品都在巴黎出現，雖然歐元升值，不過如果以退稅加上折扣，就變得美妙囉。巴黎的夏季折扣訂在六月最後一個週三開始，通常會維持六週的血拚週！很多識途老馬都會在一至二個月之前就先在台灣相好貨色，牢記價位，然後到巴黎搶貨。

沒有折扣期間，巴黎的百貨公司都是十點開門，折扣季的時候就會在八點半開門，好的樣式大約在一週內就會搶光，接下來折扣越來越低，好東西也就會越來越少。

歐洲購物有一個好處就是可以退稅，所以以價位來說，連同退稅，約是台灣七折到七五折的價位。因為各家退稅的比重不一，有的為十二%，有的可以到十九%，不過退稅都是到機場辦理，如果你是由巴黎出關，一定要早四個小時先到機場辦理退稅，因為過去我總是抓三個小時，結果有二次都沒退到稅。法國人不知道是優雅過度，還是傲慢過度，總之他們工作速度慢到你會抓狂！

在歐洲地區購物時，都要注意

出國血拚計畫表

步驟	內容	備註
一、敲定想要血拚的旅遊國	找尋相關的旅遊景點及資料	運用網路、報紙的分類廣告以及免費的購物指南，或向去過的親朋好友打聽資訊。
二、規畫行程	確定是採自助式或參加旅行團	重點是你想要採購的東西，要先詳列，並在台灣開始訪價
三、編列預算	※住宿費 ※交通費（含機票費、當地交通費、當地租車費、油費等） ※餐飲費 ※遊樂費 ※血拚費	一般小店販賣的東西五花八門，價格卻比大街商家的標價便宜了許多。購物時，要注意各地退稅的稅率與手續。歐盟國家買東西都可退十七・五%的消費稅；退稅有兩種方法，一種是收集好退稅單，出境時在海關辦理退稅，一種是直接退在信用卡中。

各地退稅的稅率與手續，基本上歐盟國家買東西都可退十七・五%的消費稅，你必須收集好退稅單，出境時在海關辦理退稅，若持有信用卡，也可以直接退在信用卡中。一般國家辦理退稅都要填退稅單，但在某些地方，店家會因為嫌退稅麻煩，而給你超級優惠價。例如在義大利的很多店面，碰到大帥哥的時候，你可以用英文跟他們說，你要多一點的優惠，儘管他們會說「全世界的女人都想在價格上做要求」，不過你賺到優惠的機率幾乎是百分之百。

沒辦法在年中去歐洲的人也別擔心，每年一月的第一個週三起，是巴黎、也是歐洲國家開始冬季下折扣的時候。所以，現在就開始計畫如何出國血拚吧！

Tips

- 別錯過每年年中以及年終的折扣，前者以採購春夏商品為主，後者則是秋冬商品。
- 歐盟國家買東西都可退十七・五%的消費稅，你必須收集好退稅單，出境時在海關辦理退稅。

精打細算去旅遊

想一想，算一算

- 一趟旅遊的費用要多少？
- 出國旅遊怎樣規畫最划算？
- 如何存旅遊的基金？

休息可以走更長遠的路，但是我發現，很多人的人生規畫會包括生活費、買車基金、換屋基金、子女教育基金、退休金，就是很少人會把休閒旅遊的費用，也納入基金管理。**其實休閒旅遊不但可以讓自己放鬆，還可以當成是充電之旅；最重要的，對於家庭來說，是投資親子關係、夫妻關係的關鍵基金，不能少，更不能忽略。**

就現實環境來說，一般經濟富裕的家庭可以將日本、香港，甚至美國、法國等地的迪士尼樂園一網打盡；至於中上家庭就要略做取捨，選擇較近的香港或是日本；而一般家庭恐怕則是要在國內的九族文化村跟小人國之間做選擇。

在我的朋友當中，很多人都希望去新港泰旅遊，不過就是缺乏規畫，最後口袋剩下的錢，只能去新莊、南港、泰山玩一天！

其實，有沒有錢可以出國度假，最重要的還是能不能精打細算的計畫。

在旅遊基金的規劃上，首先目標要明確，去東南亞，還是去歐美，價錢差很多，如果妳立志環遊世界一百天，花費更是高。

接下來，要跟誰去？自己去，就只要計算自己一個人的旅費就好；但是跟丈夫、妻子，通常費用就要double，如果是親子旅遊，就要看有幾個孩子，費用也要乘上去！此外，到底去幾天？三天、十天或是一個月，費用都不一樣。

時代變化很快，現在旅遊不只在國內，要出國才算過癮，我記得孩子小的時候，不會說要出國，只會吵著說要「坐飛機」，於是我跟老公帶著孩子坐飛機到知本的飯店度假，結果孩子不開心地說：「我要去日本！不是去知本！」後來才知道，孩子跟同學說好兩個人都要出國，現在沒出國，就等於輸了。我說知本很漂亮，沒來的人太可惜了，你回學校後可以跟同學好好的介紹一下。聽了之後，他才開心的拍照、玩耍！

現代父母真難為，除了要很努力為子女準備教育基金，讓孩子可以接受良好的教育之外，還要來個可以跟同學分享的旅遊經驗，當然父母親也需要有美好的親子旅遊回憶，一年下來少不了數萬到數十萬的開銷。如果沒有計畫，顯然這筆經費也不會從天上掉下來。

據調查，去年一整年我國觀光外匯支出為二千一百五十六億元，比前年增加了八・三%；台灣旅客年平均消費金額在前幾年還曾經排名亞洲市場第二，成長幅度高達五十五%，名列前茅。近幾年拜電影《魔戒三部曲》的熱賣影響而異軍突起的紐西蘭，觀光收入逆勢成長達五十二億紐幣，其中台灣就貢獻了一億二千五百萬元！現在大家都喜歡去英國參加旅遊，這跟《哈利波特》也有很大的關係！

一般家庭的費用支出可以區分為食、衣、住、行、娛樂跟教育，很多家庭的子女教育費用，包括學費跟安親班、才藝班，加上房子的貸款已經接近七成的比例，一些中產階級的朋友，年薪都有百萬元，但是一個孩子一年的教育費是二十萬元，二個就花四十萬元，房租一年也需要二十八萬，光孩子跟房子的花費已經逼近七成，還要支付家用的日常開銷、交通費，以及少部分的保險跟消費，扣一扣，娛樂費大約只剩一千元可用，只夠一家四口看一場電影了。

其實這是中產階級普遍的問題，我以前也是連看電影的錢都省了，直接在家裡看HBO，後來發現，其實還是有一些方法可以擠出錢來的，例如精打細算一下，想想看全年各項支出的比例占多少？如何量入為出？如何籌措支出資金的來源？

有了旅遊基金，也不能忽略一些節省旅費的小細節，包括淡季旺季的價差、住宿飯店有沒有含早餐？機票因購買方式不同有不同的票價，有沒有團體票或是清艙票可以買？分段買或者新航線也比較便宜……。以前我常常發現孩子的一個同學都不參加學期末的結業式，後來問了她的媽媽才發現，暑假的團費是七月一日開始漲價，因此他們都是在結業式（六月三十日）那一天出發。這位媽媽才是真正的消費高手，因為我還從來沒有在結業式之前出過國。

還有，如果要在國內旅遊，以往為了省錢都會自己跑去旅行社買票，再帶著行李去機場櫃檯。現在透過網路，買票、訂位一次完成，而且只要滑鼠動一動，多家業者的報價一目瞭然，就可以同時做比較。以我來說，最近買北高單程機票一張二千二百元，但是一般旅行社可以買到一千八百元，結果到了出發前五天上網路比價，最低還可以買到一千四百左右，等於打了七折，而且到了機場櫃檯只要出示身分證件即可劃位登機。

網路買機票可以一次瀏覽多家航空公司的班次，透過線上刷卡，或在午夜前轉帳匯款，交易完成後手機與電子郵件會自動通知，日後還可回到網站查詢班機記錄。基本上，航空公司還是會以經驗區分冷門與熱門時段，例假日前夕的台北往中南部城市，以及例假日結束前夕與上班當天清晨的由南往北班機，是載客率最高的時段，切給旅遊網站或旅行社的數量低、價格高，通常只能買到九折。如果是平常上班日搭機，即使在五天內上網購票，還有機會買到七折票價。

線上旅遊網站除了國內機票，還有國際機票與國內外自由行等套裝行程，是由旅遊網站集合小眾力量與業者議價，所以往往網上訂房的價格比起親臨櫃檯還便宜六成，精打細算的旅客不可錯過這個比價機會。

國內的行程，通常家庭或是個人的自主性很高，所以想玩哪裡就玩哪裡；

不過，到了國外，常常會有很多自費的行程，所以我鼓勵大家，最好有定見，例如，我的朋友到了國外沒有去看秀，一來花費高，二來孩子也不適合，結果她省下四百美元的自費行程，跟家人到街上的咖啡館聊天，我覺得這種方式既省錢又很符合投資家庭關係的原則，值得推薦給大家參考！

你也可以這樣做

我們就來算一下，有什麼方法可以省下錢來，一天省下一杯飲料錢，以三十元來說，一年省下一萬一千元，一天省下一包香菸四十元，一年也省下一萬五千元，一天省下一杯咖啡五十元，一年也有一萬五千元，一天省下一趟計程車一百元，一年也省下三萬七千元，這樣，你就可以省下八萬元，足夠歐美豪華旅遊了，如果打個五折，也可省下四萬元，足夠去北海道或是澳洲痛快吃喝。

我還有一個朋友決定戒菸，把每天買菸的錢放在一個信封套裡，一年之後，這筆錢，就成為旅遊基金，我覺得這方法不但讓身體健康，又增加旅遊的機會，是最好的投資。

如果覺得這樣的生活太嚴苛，那就以「跟會」的方式強迫地存旅遊基金，一個月存三千元，一年就有三萬六千元，一個月六千元，一年也有七萬二千元，把旅遊基金跟一般存教育費或是退休金的方式一樣去做規劃。

過去，我就是每月固定先存個一、兩千元，當成旅遊基金，那時候我固定把錢放在旅遊的信封袋中，就當成沒有這錢，日子一樣過。後來進階到投資績優股、運用每年穩定的配股配息或是海內外共同基金定期定額方式，成為我累積旅遊基金最簡單也最可行的方式。

根據旅遊業的統計，目前全台灣每一家庭旅遊平均費用為二萬元，台北市平均為四萬一千元居全台之冠，如果以投資台塑、中鋼十四萬元，一年配息可有二萬元；或每月定期定額投資三千元，以一年國內外共同基金投資報酬率約四％計算，一年後也有三萬七千元以上，這樣的規模就可以把旅遊基金準備起來。

還本型的保險也是存旅遊基金的好方法，保險公司會在每隔三至五年提撥一筆錢還給保戶，過去大家都把子女教育基金、退休金當成重點，卻忽略了旅遊基金也可以這樣的規畫。

Tips

・暑假的團費是七月一日開始漲價，因此若選在學校結業式（六月三十日）那一天出發，將可省下不少團費。

・線上旅遊網站是由旅遊網站集合小眾力量與業者議價，所以往往網上訂房的價格比起親臨櫃檯還便宜六成，可以多多比較。

便宜遊學有方法

想一想，算一算

- 出國遊學的方法有哪些？
- 怎樣安排遊學最划算？
- 出國遊學的基本原則有哪些？
- 怎樣讓小孩出國遊學玩得開心又有意義？

每年暑假，家長最頭大的問題，就是要如何安排小孩的暑期生活，光去旅遊還不行，也要順便學點東西，於是遊學團成為熱門標的。如果你學會我的方式，就可以省下三分之二的費用，所以，聰明的家長要好好學習一下！

我的方式是自己帶小孩去遊學，以二〇〇五年為例，我帶著兩個孩子，投奔位於德州的好友家中（五湖四海交朋友就是有這個好處，尤其德州的生活費低，也是省錢的考量），事先確定可以住他們家，也確定有一輛車可以讓我使用，於是住宿跟交通費用都省下來了！

接下來，要安排學習地方，我覺得當

地的 YMCA 就很好，一個星期的夏令營，收費在一百到一百五十美元左右，有游泳、打網球、野外求生、森林冒險等，依照年齡分班；比較麻煩是每天接送，但是在玩樂中學到英文（誰說學英文一定要在教室裡面？）YMCA 的活動很多，買一次他們的T恤，可以參加兩次以上，比較夠本！因為一件T恤要二十美金，並不便宜。

其實遊學的意義就是要想辦法讓自己運用當地的語言來生活，問路、交談、參加活動，才能真正把語文能力從拘泥於文法層面，活化到日常用語，才算是真正道地的學習，像我的孩子在第一天下課後就告訴我"I made a friend！"

還有一個管道也是便宜交友、學英文的好地方，就是宗教團體，包括社區的教會跟寺廟。我上一次幫孩子選了一個佛教團體的夏令營，因為我希望孩子對新環境不要太陌生，有一些能說華語的人，讓他們有安全感，而當地就有很多華裔居住。這種活動是要住在廟裡，不過卻很便宜，十天下來，才八十美元！

後來，孩子的確交了很多朋友，還新鮮地表示素食漢堡超好吃，甚至還會用英文來誦經、上台用英文表演話劇。他們的佛學研究，包括了解佛經，還有很多尊重生命以及環保的意識，讓我很受感動。當然美國也有天主教、基督教的團契活動，聽說也很便宜、很受小朋友喜歡。

坦白說，將近一個月的課程，孩子在夏令營的花費才三百元，便宜到爆！

當然，不是所有家長都能陪孩子出國遊學，像我上次帶小朋友出國就損失了一個工作。所以，大家在出國之前要三思，尤其首先面對坊間讓人眼花撩亂的遊學課程，就是一門好重要的課題，很多人都是因為沒有好好選擇，結果花了不少冤枉錢！

曾經有經營遊學團的好友告訴我，遊學團很難辦得好，因為要討好父母親（團費要控制，還要有多樣的學習課程），更要討好小主人（太多的學習，沒有玩樂，他們回家一定會告狀說不好玩！）於是就會出現兩難局面：到底要學英文，還是要玩痛快？答案當然是兩者都要！

於是遊學團通常的行程是：上午上語文課程，下午安排參訪，假日再幫學生安排一日遊行程，這樣的方式就可以兩邊討好了。

要找遊學團，口碑絕對要先打聽清楚！品質好的代辦中心在海外設有辦事處及分公司，能即時提供海外學生立即性的協助。最好多向身邊朋友探聽是否有人參加過遊學團?服務如何?了解課程的規畫與行程安排是否適當。

你也可以親自去辦手續，省下不少代辦費的錢。不過，由於手續繁雜，包括學校的申請、住宿安排、接機的申請、簽證的辦理、機票等等，一般人還是願意花代辦費，選擇由代辦中心辦理，一來可以節省時間，二來出門在外有任何問題都可向代辦中心諮詢和要求協助，所以，這點錢是很難省下來囉。

其實每年暑假是遊學旺季，更是為人父母痛苦指數升高的時期，因為市面上為期約一個月的活動，費用從較便宜的六、七萬元到高貴型的廿二萬元不等。除了可以像我這樣做，我還看到報紙上有篇文章：

我們家小孩今年的暑假是這樣過的：七月初由我帶到加拿大借住朋友家，周一到周五上午上當地的ESL課程，下午則學游泳和網球。玩耍和體驗加拿大生活其實才是此行的主軸。礙於工作因素，我幾天後便回國，孩子則一個月後獨自搭飛機回台，兒子今年暑假過後升小五。

至於第二個月假期，南部的表哥早已經在等我兒子的到來了。送孩子到南部，正好可以每天打球、釣魚、騎車、游泳，當一整個月的野孩子，順便也練練不輪轉的台語。可以預見，一個月後，回來肯定是個黑黝粗壯的兒子。

安排孩子的暑假生活，沒有一定規則，要看爸媽對孩子的期望是什麼，還有孩子本身的期待也是重點，但不管如何期待，大原則應該是安全第一，這裡的安全指的是人身安全和環境安全，不受傷、不學壞、不會被拐的三不政策，尤其是安親班和營隊都必須選擇合法機構辦理的，讓所有的活動和學習都必須在安全的前提下進行。

這些建議都是十分的省錢跟划算，如果自己無法參與，把孩子交給別人，當然就要多花錢。

還有，為孩子安排暑假生活，家長不要太一廂情願，因為你的美意，如果只是換來孩子的不情願，最後是花錢找罪受，大家都不開心。

我有一個朋友嫺雅，她移民加拿大，因為朋友多，大家都把孩子送去她家，委託她辦理遊學團的事宜。據她告訴我，每次她都會跟好朋友說清楚，要跟孩子充分溝通，讓孩子心甘情願的來，因為很多孩子都是來的時候說：「我是被媽媽逼來的！」所以來的時候哭，走的時候更哭，只是原因不一樣，走的時候是因為「捨不得」。還好，她是因為好友的關係，會很耐心的協助孩子，可是一般的遊學團體或是寄宿家庭是不會有這樣耐心的……。

所以想要安排一個完美的遊學行程，一定要尊重孩子的意願，和孩子充分討論，最好是有父母親一方陪在孩子身邊，降低孩子的不安全感。如果他真的不想去，不如讓他準備好再去，沒有人規定孩子一定要去美加遊學才算是過暑假。

我相信很多家長和我有一樣的體會，孩子出國遊學回來後，英文並沒有「突飛猛進」，但是，孩子敢開口說英文、能夠脫離父母獨自坐飛機，我已經覺得很開心了。更別說孩子還有很多的收穫，例如打開視野、認識不同國家的朋友、學習用比較宏觀的角度看世界……，這些都比學英文重要很多。

還有，很多父母總是「想太多」了！才去英語營兩周就要孩子英文琅琅上口；去美國一個月就要會跟外國人打交道，其實，這就像學鋼琴一樣，也要個三年五載，旋律才會好聽。我有一次去聽賴書儀小姐的單簧管演出，才發現單簧管聲音好好聽，可快可慢，動盪迴旋。本來我私下埋怨我家對面鄰居的單簧管已經荼毒我很多年了，最後才知道原來賴小姐是從十歲就開始學單簧管，數十年的累積，功力自然不一樣，學英文也是這個道理！

Tips

・要找遊學團，口碑絕對要先打聽清楚！

・遊學的意義就是要想辦法讓自己運用當地的語言來生活，問路、交談、參加活動，才能真正把語文能力從拘泥於文法層面，活化到日常用語，才算是真正道地的學習。

這樣換匯最划算

想一想，算一算

- 出國該帶信用卡？現金？旅行支票？
- 怎樣換匯最划算？
- 如何賺取換匯的價差？
- 攜帶旅行支票該注意什麼？

要出國旅行，一定會有換匯動作，要怎樣聰明換匯，讓你省下很多的時間跟金錢？

出國旅遊最好帶信用卡，既方便又安全，不過國外刷卡消費需負擔一％至三％不等的手續費，尤其現代人喜歡自助旅行，或是到較偏僻的鄉間旅遊，最好還是額外帶一點現金，以免商家沒有收信用卡而吃閉門羹。

過去我就曾經在日本的鄉下飲恨，因為鄉下沒有收信用卡，我又找不到外幣提款機，加上語言不通，白白錯失一個宛如人間仙境的民宿，到現在還覺得可惜。

雖然現代社會持卡到國外消費是最輕鬆簡便的做法，不過包括Visa及Master信用卡國際組織都會加收消費金額一％及一‧一％

的手續費，有些銀行還會再多收〇・五％到二％不等的手續費，兩項加起來，海外刷卡可能需要多負擔一％至三％手續費，如果加上匯兌因素，負擔更是直線上升。以我二〇〇五年五月到法國來說，正是歐元逼近四十二元的高峰，當時的刷卡費用加上手續費，簡直就是採買行程下「壓垮駱駝的最後一根稻草」。

在換匯上，很多人都有疑問：到底是跑一趟銀行結匯？還是到機場結匯就好？其實，在機場結匯跟到銀行結匯是有差別的：設在機場的銀行結匯櫃檯最大的優勢就是方便。但是以費用而言，機場結匯需要多付一百元手續費。此外，結匯價格會比銀行的牌告價格高一些。這樣解釋，你就知道，出國前先到銀行結匯才是聰明的做法。

只是有很多人是在假日出國，銀行沒開門，只好到機場換，但是在假日的時候，機場牌告的買進賣出價會比銀行牌告價差高，如果結匯的量不大，其實就不需要特別跑一趟銀行，在機場結匯比較方便。

不要小看結匯節省的金額不多，如果省了手續費，又省下優惠的價錢，雖然不夠大肆採購奢侈品，不過還是可以在海外多吃很多美食，倒是很實際的好處。

我還看過很多人不願意刷卡，喜歡換匯出國，雖然也會有買入賣出的匯價損失，但是聰明的人就會有不同的做法。例如到美國玩，如果美元兌台幣持續走貶，等到回國，就可以等台幣升值再結帳轉換匯價佔便宜，這就是聰明換匯的高手，想要出國佔便宜的人，就要多學習這種換匯的功夫。

特別是遊學或是商務差旅的人，一定要注意結匯換現鈔的方式，稍微花一點腦筋，就可以享受換得越多，賺得愈多的樂趣。基本上，到銀行網站上換匯，比到銀行櫃檯和機場還要便宜，平均每換一百元美鈔，就便宜四到五元台幣，而且手續費全免，這個優惠才大。

除了出國旅遊之外，現在留遊學、商務差旅人數逐年增加，外幣現鈔及旅行支票，已成為出國時口袋必備的付款工具。

據我所知，中國國際商銀就和美國運通攜手合作，推出旅行支票「網路下單，機場取票」服務，國人若想兌換美元、歐元、澳幣、加幣、日圓以及英鎊等六種幣別的旅行支票，可到網站上結購旅行支票，而且還有折讓，十分划算。

對於很多粗心的人，我建議出國的時候還是去買旅行支票，因為旅行支票遺失時可以掛失，可以避免現鈔帶太多的風險。

雖然旅行支票最大的優點就是遺失可以掛失並獲得補發，不過消費者必須特別留意，掛失旅支必須提示購買證明，因此旅支必須與購買證明分開存放，才能達到規避風險的效果。而當你在國外不幸遺失旅支，只要馬上撥打當地旅支所屬銀行的國外駐點電話，就可掛失並獲得補發，而且不需手續費。

購買旅行支票另一個優點是結匯成本比現鈔低。同樣是結匯，買旅支比買外幣便宜，而且不需手續費。舉例來說，同樣是買美元，旅支的結匯價比現鈔便宜○•一五元。也就是買一百美元的旅支比換一百美元的現鈔便宜新台幣十五元。

旅支的上下方各有一欄簽名欄，消費者購買後，要記住先在上方欄位簽名，等到在國外消費時，再在下方的簽名欄簽名即可成交。旅支的幣種眾多，最常見的包括：美元、歐元、日圓、英鎊，面額也較高，適合攜帶數量較大金額的人，而且可以找零，所以使用上頗為便捷。此外，旅行支票的使用是沒用限期的。

但是旅支也是有缺點的，那就是並不是每個商家都收旅支，尤其是離開城市後，願意收取旅支的商家更少，因此出國旅遊一定要攜帶一點當地貨幣現鈔。此外，旅支的面額較大，金額較小的交易，商家可能就不接受旅支，而且有些商家還會收取手續費。

由於旅行支票沒有使用期限，永久有效，兌換匯率又比現鈔便宜，通常可再多便宜一點，同時，旅行支票遺失或被竊，多可在二十四小時內獲得理賠和補發，安全性高過現金，很適合留學生或是商務差旅人士使用。

近幾年來，由於美金偽鈔事件在國內鬧得滿城風雨，愈來愈多民眾出國結匯，攜帶旅行支票的意願比往年來得高。

所以想要出國的人，以信用卡消費，固然可以享受先消費後付款的優勢，在財務調度上不需要先準備一筆錢換匯，但是所有海外刷卡都收取一・三%至三%的手續費，如果是大額消費，消費者付出的手續費很可觀，這時候，以旅行支票，搭配一些現金消費，就可以達到聰明換匯的成效。

出國時，信用卡、旅行支票或外幣現鈔，哪個比較划算？

到底出國時，外幣現鈔、信用卡或是旅行支票哪一種比較划算呢？

一般來說，不管是出國旅遊、出差，還是遊學，外幣、信用卡與旅行支票，都是最常見的三種付款方式。信用卡是屬於「先消費、後付款」，外幣現鈔或旅行支票則屬於「先付款，後消費」。至於哪一種比較划算？那必須考量三點因素：「前往哪個國家」、「台幣匯率走勢強弱」，「在國外停留時間的長短」。

如果是相對於旅遊國當地貨幣，台幣呈現持續升值的情形下，當然就使用信用卡消費。因為台幣升值，等你回國後再收到信用卡帳單時，這時消費國所兌換的台幣匯率會更低，刷卡金額也會跟著降低，不過，每筆消費需多付一至一・五%的匯兌手續費。相反的，如果台幣是貶值的情況下，使用外幣現鈔和旅行支票就相對划算。

「停留時間的長短」也是影響重點。如果是短期出遊，要以方便為主，例如前往較落後、信用卡不普及的國

國外付款方式比較：

	形態	停留時間	台幣走勢
現金	先付款後消費	短	貶值
旅支	先付款後消費	長	貶值
信用卡	先消費後付款	長	升值

家，使用外幣現鈔較為便利、實惠，而且要先兌換成國際通用的美元或歐元，等到了當地機場，再兌換成當地貨幣。假使停留的時間較長，就要考慮購買一些旅行支票，並盡量使用信用卡，以免所有預算都兌換成外幣現金，增加被竊或遺失的風險。

另外，如果是為期較長的遊學或留學，可以考慮在當地銀行開戶，請家人定期匯款。如果待得時間夠長，還可以申請該銀行的信用卡，這時在當地消費，就不會有國際匯兌要支付手續費。或者也可以攜帶國際提款卡，有需求時再分批提領當地現鈔，都是比較保障的方法。

Tips

- 出國前到銀行結匯比到機場好，因為可以省下手續費。
- 持信用卡到國外消費雖方便，但別忘了會加收手續費。

PART 2
花錢來養錢

* 小套房回收快
* 裝修房屋提高賣價
* 輕鬆搞定裝潢
* 買車如何省更多
* 該買國產車還是進口車？
* 聰明買車有撇步
* 買休旅車不盲目
* 善用加油換贈品
* 買車迷思大精算
* 計程車投資學

小套房回收快

想一想，算一算

- 什麼樣價位的小套房才算是低總價？
- 那一類的小套房比較適合投資？
- 投資小套房要注意什麼？
- 小套房的報酬率要怎麼算？

這兩年，房市逐漸從谷底反彈，投資客也抓住機會大舉進場投資小套房產品；為了提高報酬率及吸引買方出手，業者不但祭出低利率優惠，有的還附上沙發、家具等設備，強調「買到賺到」。果真如此嗎？如果你要投資小套房，還是要提防這些誘惑。

小套房的低總價優勢很大，不過也有轉手不易、行情不穩等缺點，因此當你想要買小套房的時候，要先考慮是自己住？還是純投資？千萬不要只被「低總價」三個字牽著鼻子走。

小套房一定是低總價嗎？其實並不盡然，有的小套房如果座落地點佳、集聚交通及生活機能等優勢，通常單價會跳脫區域行情，每坪價位甚至超過正三房格局的大樓，所以簡單判斷價位的方法是：小套房單價不應超過區域平均行情兩成，一般若區域行情每坪三十萬元，小套房單價就不應該超過三十六萬元，否則有過高的嫌疑。

還有套房產品都是小坪數為主，一層樓時常規劃了七、八戶，因此房子單面採光居多，通風性欠佳，將來可能造成轉手不易等困擾。選購時不妨留意產品本身的條件，如果是要投資的，不是自住型的，碰到格局沒有採光、通風不佳等產品時，不妨抓住機會用力殺價。

現在有越來越多的投資客，利用大量置產再出租，以租金收益支付每月房貸，投資標的通常以小套房為主，若地點選得好，靠近學區或商圈，不僅房客好找，投資報酬率達五％、逾十％的都有，但財務槓桿很大，高報酬下風險也不小，選對地點是投資的前提。

學區、商圈為租屋的兩大市場，其中學區的優勢越來越看好。以政大學區為例，十五年左右的大樓每坪約十八至二十萬元，十二坪大樓套房總價約二百四十萬元，若貸款七成、三十年本利攤還（利率二・八二％計算），每月房貸負擔約七千元，當地套房租金行情則約八千元，扣除貸款，每月可以賺一千元租金外，小孩四年畢業後，還可以承租給其他學生，或適時脫手轉賣，相當划算。

我就認識一位投資學區套房致富的人，他自去年中開始購買小套房，至今購入四戶，共隔成十間雅房、套房出租給鄰近學生。銀行的總房屋貸款近千萬元，但是靠租金收入，平均投資報酬率達五％以上，跟很多投資工具相比，相當傲人。

投資房地產的財務槓桿很大，景氣好不需擔心找不到租客，如果租給學生，通常都是半年一約保障比較大。基本上有房租，才有辦法支付每月房貸，但是一旦景氣突然下滑，每月好幾間房子的房貸也就頓時變成危機，所以最好先準備一筆資金周轉。

此外，當房東也要有心理準備，修電燈、裝插座、掃廁所等閒雜事務很多，如果還遇到「奧房客」，拖延甚至不給租金，勞神費心的付出更是災難。

想要買一間小套房來投資，那你就要好好的研究一下報酬率，很多廣告單上的報酬率都是唬人的，大家要學聰明一點！

由於銀行利率處於歷史低檔，如果有錢放在銀行，還不如買個房子來收租金。我也常常鼓勵大家買房子收租金，特別是退休族，每月收房租比跟親兒子拿錢要順利多了，我稱這種房子是「啞巴兒子」，不會說話，不過每月還會定期繳房租給你，一般親兒子都不見得會準時送上錢來。

現在也有很多人用這種方式來孝敬雙親，我有一個朋友因為遠嫁法國，不能奉養雙親，他就買一間套房，每月的租金交由爸媽去收，也算是他每月給父母的生活費。

在小套房選擇上，以學生套房為首選，因為資金成本不高，相對的租金報酬率就高過定存甚多，不過有很多預售廣告個案喊出動輒二成以上的高投資報酬率，讓大家看得心癢癢的，卻會讓很多衝動型的買主掉入陷阱裡，大家要小心一點。

基本上廣告上令人心動的數字，並不代表就此真的可以獲利。特別是有很多誇大的廣告，連我看了都要搖頭，還好我代言的公司並沒有祭出這樣的伎倆，所以投資者購屋前應先釐清真實之租金報酬率再行動。

根據我過去採訪很多房地產專家的說法，以「年租金」除以「房屋售價」計算投資報酬率，是最保險、也是國際上通用的計算投報率公式。以總價一百五十萬、月租金一萬元的套房為例，用十二萬除以一百五十萬元，算出其投資報酬率為八%，算是不錯的報酬率。

不過，市面上很多的預售個案，總是以「購屋自備款」來計算投資報酬率。自備款一般是房屋總價的三成，甚至有的只需要一成或是兩成，投報率自然會「膨脹」許多，這是常見手法，例如，一百五十萬元的小套房，如果自備款三成，是四十五萬元，以租金十二萬除以四十五萬元，投資報酬率高達二十六%以上，接近三成的報酬率；更沒良心的，還會以一成自備款來算出報酬率高達八十%，夠嚇人了吧！

當然，上述兩種計算方式都不包括房貸支出，萬一有房貸，就需要先記算利息支出，然後再算算看報酬率。

廣告商都會刻意忽略房貸支出或是虛報租金收入來吸引投資客，所以大家如果想買房子，不要以為打一通電話問一下，就可以下決定。基本上，去房屋附近問一下租金行情，看看廣告有沒有灌水，然後衡量一下自己的口袋，確定自己有一筆錢可以投資，這樣才能下手。而且不要忘記公式，拿年租金除以總價，算一下報酬率有多少。至於投報率應該多少才划算？很多房仲業的估計是：一般住宅產品的投資報酬率在三至五％，商用產品四至六％，學區套房五至八％。

所以投資客不要太貪心，看到高報酬率的廣告就心動，必須要到實地觀察一下，了解租金跟自己的貸款額度，算出實際的報酬率。其實，我鼓勵有閒置資金的人來投資房地產，因為以一百多萬元，如果買股票或是債券型基金，不是風險大就是報酬率奇低，而房屋兼有保值甚至增值的作用，在現階段更是一個可以當成退休金規畫的商品，值得花一點心思去了解。

Tips

- 如果有錢放在銀行，還不如買個房子來收租金。
- 以「年租金」除以「房屋售價」計算投資報酬率，是最保險、也是國際上通用的計算投報率公式。

裝修房屋提高賣價

想一想，算一算

- 要找誰來裝修？
- 如何跟設計者溝通？
- 預算如何控制？

很多人都有房屋裝修的經驗，不過因為「女主人太賢慧，買一棵樹堵住排水口，導致家裡淹水」這樣的理由而需要整修的經驗可是並不多見，而我，就是這位賢慧的女主人。

因為第一次買屋時急於裝修，讓我花掉一大筆錢，差一點影響房屋貸款的繳納，所以在這第二次換屋時，我決定務實一點——不裝潢，把舊的傢俱排列組合就好。沒想到，老天爺又給我一次震撼教育，來一場大淹水。後來我才聽說很多朋友都有這種經驗：因為排水口堵住導致水災。當然，大多數的原因都是因為落葉或是泥沙堆積，很少像我是自己拿樹堵住排水口的。不過，無論如何，有了這一次慘痛的經驗，讓我終於知道如何翻修中古屋了。

要找誰來裝修？當時我的考量也很多，後來在電視台製作人強力推薦一位專門整修中古屋的老闆，我就請他來看看，不過因為他的電視通告太多，連跟他溝通的時間都不多，所以我才發現，找個在電視上經常曝光的人來弄你的房子，並不是件理想的事。

後來好朋友也介紹了一位「龜毛級」的設計師，我在想，我的這位好友本身就是龜毛級了，還會有人比他更龜毛？我真的很想一見廬山真面目，所以就約了時間。他來我家裡仔細的丈量跟拍照，同時問我希望做到什麼程度，這時我不禁反問他工程需要多少錢？他的答案也很有見地，他說：「有多少錢，做多少事！」

說實話，我們會害怕碰到可怕的設計師，收費超高，被當成「凱子」，其實設計師也怕碰到殺手級的客戶，一路要求、一路殺價，最後導致品質上的落差，所以確定材質、打聽價位，都是客戶應該先做的功課。

一個好的設計師應該有時間跟你溝通，所以你也要讓他知道你的生活習慣，我常常看到很多人設計房子，結果漂亮有餘卻是無法使用。比如我看過有一個家庭，大約三十坪，但是裝潢之後，簡直像六十坪，因為設計師花了很多心思把家裡常用的飲水機、電鍋、櫃子都隱藏起來了。所以一進這個房子，我看不到任何的傢俱，只有一大片玻璃跟一大盆花，像極了樣品屋，令人讚嘆不已。不過事隔一個月之後，再到朋友家，卻發現以前看不見的報紙、茶壺、熱水瓶都跑出來了，理由是「太不實用了！」

所以使用的習慣就是裝潢的重點。

以我的習慣，廚房跟衣櫥是我的兩大考量，在廚房煮飯，最重要的就是空間動線，你習慣怎樣洗菜、切菜，冰箱的門應該開什麼方向才方便取出東西？喜歡中式熱炒的，要考慮抽油煙機以及窗戶流通，喜歡西式料理的，則要考慮烤箱等電線的配置。

我都是在空間中模擬很久之後，才決定應該如何放廚具。至於衣櫥，就要想想，有多少可以摺疊的衣服？多少掛的衣服？長褲有多長？裙子有多長？領帶、絲巾怎麼掛？一定要先計畫清楚，否則等設計師做好了，只能委曲求全，就失去量身訂做的原意。像我這次就把衣櫥的功能整合，把衣服、皮包、鞋子都放在一起，於是整體的搭配之後就能出門，這一點讓我覺得很滿意。

儘管我跟設計師雙方都是理性的人，不過，我還是犯了毛病，修了地板就想「順便」修理廚房，之後，又想「順便」裝修浴室，接著又「順便」換馬桶、浴缸，到最後老公都忍不住問我：「你會不會『順便』把我也換掉？」

其實，「順便」並不是沒有優點，因為如果沒有一次做完，下一次就不會再施工，因為工程實在太可怕，不但人工的成本高，而且一點點小事情常常找不到人來做，而最可怕還是在於預算不斷的膨脹，這時候，荷包就要拉警報了！

Tips

• 個人的使用的習慣就是裝潢的重點。

輕鬆搞定裝潢

大涵國際公司設計總監　趙東洲

室內設計或裝潢在現今重視生活品質的趨勢下，已經成為必然。不過，因為費用大，加上做起來勞師動眾，所以，一般人一輩子大概不會裝潢太多次。也因此非常慎重，因為萬一做不好，勞民傷財又傷心，每天看到就生氣，所以一點也馬虎不得。

我先將裝潢簡單分為三部分：老屋翻修（二十年以上）、中古屋翻修、新屋裝修，來談裝修須注意哪些？錢如何花在刀口上？找設計師和找裝潢師傅的差別在哪？如何判斷設計師是否專業？如何和設計師或裝潢師傅談價錢？希望能讓讀者將夢想及預算做到最平衡的發揮。

一、刀口上的預算和注意事項

老房子翻修

↓預算：約為房價的二十%，每坪約三萬元新台幣至六萬元新台幣

同樣是房子，老屋新屋價格差一倍以上，所以，不少聰明的消費者會選擇買地點好、大小適中，但屋齡長，價格相對較低的二十年以上老房子。過去的房子大多為鋼筋加磚造，如果高齡二十歲以上，則以公寓居多，撐個三十幾年沒問題。不過，買老房子雖在房價上省一筆，但改裝費用可就省不得，除非你只打算買來等建商談改建。

老房子動的手術很壯觀，如果預算夠的話，大概只能留下主結構，其他全都要敲掉重做，由裡（水電管線、地板、天花板、衛浴）到外（外牆磁磚、大門、鐵窗……）都得動；如果隔間磚牆也要更動的話，建議找結構技師來評估比較安全。一般而言，二十年以上老屋的裝修費用，最好以房屋總價的二十%上下為基

準，這中間的差異，和用的建材、零件五金好壞有很大關係。所以，聰明的讀者就知道，要省錢，必須從用料下手。

舊愛如何變新歡？有些事非做不可，千萬不要省略：

1. **水電管路的更新**。二十多年老屋，水管可能都鏽得差不多了，用這樣的水管送水，你喝得安心嗎？再者，老水管也可能潛藏漏水問題，所以最好一次換新，免得後患無窮。

電線也是一樣的道理，二十年前的用電量和現在不可同日而語，單用延長線或插座擴充使用量，反而會造成電線短路或走火的危險，所以，管線更新的錢是第一優先。

2. **防漏工程不可少**。許多人以為只要把管路換一換，看得見的做一做，殊不知，雨淋久一點，真相就大白了。不管你買屋時看到的牆壁是乾是溼，最保險的方法，就是防漏工程紮紮實實重做一次！因為房子經歷二十幾年大自然及人為的折磨，難免有些地方有點小龜裂或有小洞，萬一哪天外牆擋不住了，水就這麼慢慢滲進屋裡，這時做好了裝潢要再回頭去抓漏是最令人頭痛的，而且花大錢都還不一定找得到呢，所以，這個錢省不得。

3. 外窗務必要換。二十幾年前的氣密窗（許多老公寓裝的還只是一般的鋁窗呢），氣密效果絕對比不上現在，加上二十幾年的使用，其密合度可以想見，所以，趁此時換新的氣密窗，不但氣密效果及防雨效果好，隔音效果也保證大有進步。

4. 整治有壁癌的房子。治療的工夫不能馬虎。利用這個機會找出漏水，敲掉壁癌，做水泥、粉光及防壁癌漆的處理，還你高枕無憂。

5. 鐵窗也換了吧！以前的房子都用鐵窗，每幾年刷一次漆，不只不好看，小偷拿個大剪就可以光顧府上。所以，換個堅固安全的鐵窗，這個錢省不了。

6. 衛浴設備要更新。前一陣子好多洗臉檯、馬桶暴裂的新聞，看到鏡頭裡苦主血淋淋的模樣，你還能相信二十餘年的馬桶、澡缸、洗臉檯會陪你到永遠嗎？換了吧！

接下來像牆面補平、批土、粉刷是一定要的，否則，坑坑疤疤的牆面怎麼見人？

除了上述工程，還有些部分，做了會更好：

1. **地磚**。老房子換地磚絕對是上上策，因為會讓房子的質感提高，不只是花色的問題，耐磨度相對提高。當然，不一定是地磚，木頭地板的溫潤、大理石的氣派，都是很好的選擇。

2. **天花板**。做了天花板就能讓燈光有更大的變化，同時可以隱藏管線，把空間的氣氛凝聚起來，很值得一試，對於空間有明顯加分作用。

3. **燈具**。近年來燈光在空間扮演的角色愈來愈受重視，不少大型的個案，甚至會聘請燈光設計師參與設計，因為燈光打得好，空間的氣氛就對了一半，可見有多重要。

4. **窗帘家飾**。窗帘家飾布是能令人很快耳目一新的裝飾，也值得投資。

5. **隔間**。這一項嚴重牽涉到預算，有預算就可以考慮，否則，將就點也可以。為什麼要動隔間？理由很簡單，因為老房子的隔間都很呆板，如果依照實際居住者的需要重新切割使用的空間，房子就會帶來全新的感受，也會讓使用人有更流暢的舒適感。不過，前提是必須找到一個好的設計師，否則，把方正空間隔死掉也是常有的事。

中古屋整型事件

↓預算：可高可低，不動隔間，每坪約新台幣一萬五千元至新台幣二萬五千元。動隔間管路，每坪約二萬五千元新台幣至四萬元新台幣

這裡指的中古屋是數年到十幾年的房子，這類房子說老不夠老，所以，要大動小動，視個人預算而定。

不過，為了房子的「長治久安」，如果預算夠，十五年以上的房子，還是建議把水電管路整個換掉，既然要動工程嘛，就一次到位，省得日後提心吊膽。當然，年輕一點的中古屋，也有些取巧的裝修，可以讓小錢發揮大功效：

1. **換磁磚**。過去多為三十乘三十的磁磚，現在最 in 的是六十乘六十的拋光石英磚，它具有大理石的質感，大塊的磚面也使空間變得大器；更重要的是，價格比大理石便宜很多，因此不少上千萬屋價的新屋也採用這種地磚。當然，要讓空間有些區隔，不妨部分空間採用木頭地板（例如書房、小孩房）。地面裝修改頭

換面了，換裝就成功三分之一。

2. **牆面重新粉刷或貼壁紙**。重新粉刷過的房子，整個都會亮起來，如果希望擁有典雅的氣質，不妨考慮採用壁紙（潮溼地區的住家就不能採用）。許多人以為，壁紙容易反潮、捲曲或弄髒，兩三年就得換一次，但試想，油漆的牆面何嘗不是如此？況且現在黏貼壁紙的漿糊都比以前好，很少發生才貼不久就翹起的狀況。

3. **做一些簡單的設計**，創造出原先沒有的空間。例如玄關，可以讓進門的情緒有個緩衝，同時增加房子的景深及氣派。或是為主人增加衣帽間，使空間更好用。甚至大膽的連結客餐廳，把廚房及客廳變大，配合現代人大多外食的習慣，利用餐檯將原本餐廳的空間分給客廳，讓客廳更開闊等，都可委託設計師將格局做一些變動，讓空間感煥然一新。

4. **更換天花板造型及燈飾**。變更燈光的表演方式，再配上家具的顏色質感，就能達到視覺更新的效果。

5. **窗帘家飾**。用了不是很久的沙發丟了可惜，不丟，又覺得不新不舊很礙眼，此時不妨為它換新裝，請做窗帘的商家把它抬回去重新裱布。幾天功夫，又成了嶄新的沙發。

新屋美容事件

↓預算：可高可低，每坪從一萬元新台幣至十萬元新台幣都可

買了新房子，照理說可以省不少裝潢費用吧？錯，有人花更多呢！正因為是新房子，所以期待更高，這裡加、那裡也要做的結果，就是花了大筆預算「一次搞定」！

既然是買新房子，最省錢的做法，莫過於在建造時就進行設計，依照你要的空間做「客變」，這樣，水電管路和隔間完全照你的需要做，省掉了敲敲打打的工，更重要的是，可以省下不少錢，所以，功課一定要做在前頭，不要等到交屋才懊惱。

不過，話說回來，購屋已經大失血，要再擠出裝修預算，對許多人來說，會感到十分吃緊。這時，刀口上的裝修預算就該出動了，動了這幾部分，至少能讓

你的新家達到七八十分的水準：

1.**造型天花板**。簡潔流暢的造型天花板，能夠很快讓空間升級，同時帶出燈光設計，所有的管線也有了依歸，讓空間更有質感。

2.**壁櫃**。必要的壁櫃，例如鞋櫃、餐櫃及書櫃、衣櫃等，可以讓空間有整體感，不會感覺高高低低、材質不一的櫃子。如果想省錢，還有另一個選擇——系統櫃，現在的系統櫃樣式品質都不錯，可以考慮。

3.**窗帘、壁紙**。新屋大都是新粉刷，所以不必多花錢，倒是窗帘，建議用好一點的，可以讓房子的質感快速升級。此外，壁紙絕對是值得考慮的品味配備。值得一提的是，壁紙不建議全屋貼，選定一兩個空間即可。或者，選定一面牆來表現，也會非常出色、醒目。

4.**必要的造型設計**。重點空間能夠讓房子的氣勢提升，例如客廳主牆及玄關，都是必要的表演空間，屋主的品味、空間的感覺都可透過這兩處小小的設計而充分展露。

除了以上的取巧部分，其他的就看預算如何再決定了。不過，買造型優、質感好的家具，也是展現主人品味的所在。我常勸一些預算有限的客戶，除了必要的東西做一做，把大部分的錢拿來投資在家具上吧，因為再好的空間配上質感差的家具，立刻減分，花在裝修上的錢都是白花了，不如拿來買好一點的家具，萬一要搬家，還搬得走呢！

二、裝修如何談價錢？

誰都希望凡事能夠省錢，但是室內裝修不比去市場買菜，設計師要領薪水、工人做事要工錢、材料要材料費，而且不同等級的材料，價差非常大。要知道，殺頭生意有人做，賠錢生意沒人做，你自以為賺到了，其實是賠在你不知道的時候（一年後才發現被騙了）和地方（啊，原來牆上的漆只刷了一層）。

那麼，該如何和設計師或裝潢師傅「談」價錢呢？一般人因為不懂單獨買材料，所以通常都是統包給裝潢師傅。所以，最好的方法是你自己有概念要做些什麼？櫃子幾尺？用什麼材料？做成什麼樣子……等等，再找兩組以上的師傅來估價，至少就不怕被騙，就像公家發包工程一樣。當然，如果兩組價差太大，最好再找第三家問，這樣就知道合理價格在哪裡，價差超過百分之二十的就不要考慮（不論高或低），因為表示他的價格不夠實在，不是賺太多，就可能偷工減料。接著再和這兩家談能夠提供的保證和服務，比較一下應該就有答案了，最後和你中意的廠商溝通能夠降多少，只要你的價格不太離譜，一般都會成交。

和設計師談的技巧就不一定了。設計師有好多種，有的只畫幾張圖（甚至只有一張平面圖）就要開工，這類設計師大多不收或收很少的設計費，但你以為賺到了？當然不一定，因為他把成本加到工程裡，而且如果圖畫得不清楚，出錯的機率就高，除非你看到成品，否則風險太大，這種工程的不確定性太高，反而不知該如何教你談價錢。不過，倒可以依據我給的每坪單價比較，如果超過平均值太多，當然就要考慮清楚囉。

正規的設計公司，一般都有收設計費，因為知識是有價的，他賣的是設計，當然會收設計費。再者，收了設計費就有義務要出一整套圖給你，包括平立面、施工圖、透視圖、水電圖，還有各部分的細部，以便作為工班施做的依據。更重要的是，設計師必須為府上的設計做好預算，以便你能清楚掌握各工種的費用。

有了這份預算，你也可以找其他裝潢工班或公司來比價。

至於要如何和設計師殺價？目前一般住家的設計費很亂，因為牽涉到服務和設計師功力、名氣的不同，這個部分可以直接和設計師談個合理價格。另一個可以減價的可能是，經過比價、了解合理價格後，直接和設計師談，如果工程由該公司承接，將設計費折算到工程款去，例如，原本設計費二十萬，如果承接工程，則在原工程款中減去談好的折價，例如打了五、六折的價格，這樣既可保有設計師的尊嚴，也能成功達到減價的目的。

三、該找設計師或裝潢師傅？

室內設計市場目前一片榮景，也一片混亂。新手、老手設計師到處都是，連裝潢師傅都能獨立接案。身為消費者，到底應如何選擇呢？

先來說說之間的差別吧。裝潢師傅能夠包下府上的所有工程，而且還能做出你要的櫃子和造型。但是，如果你希望多了解室內空間的其他可能，以及造型的多樣化，這對裝潢師傅就有點吃力，因為他依據的是經驗，靠經驗做成什麼樣子。但找裝潢師傅肯定比找設計師便宜，只是，你可能要算入完工後不喜歡得重做或懊惱的成本，或者遇上手工差的師傅做出的成品。

不過，這不是說明找設計師就能一切ＯＫ，因為設計師那麼多，仍有程度、經驗、職業道德的差別，不過普遍來說，找有經驗的設計師，符合要求的可能性高、失敗的機率少些。

那麼，什麼情況下該找設計師或裝潢師傅呢？首先，當你要做的只是局部或部分東西時，例如你已經很有概念要做些什麼，只待找人完成，那就可以考慮只找裝潢師傅。找設計師是希望能夠幫你整體規劃及考量，包括空間利用、動線、生活習慣、實際需求、品味、預算的控制等等。還有，設計師能夠幫你做整體的安排，包括工程進度，每個細節都能關照到，這些都非常重要。所以，找設計師多花的錢，就是買他的設計能力和這些服務。

買車如何省更多

想一想，算一算

- 買新車要注意什麼？
- 買車送贈品好？還是折現好？
- 買車有哪些好康可以Ａ？
- 分期零利率也有陷阱嗎？
- 買進口車要注意哪些問題？

要聰明買車，撇步多多，男人女人都要看仔細，因為看車是男人，決定權卻在女人！

首先，剛剛上市的新車車型不要在年底買，因為新車剛上市沒多久，萬一又挑在十一月或十二月買的話，過沒有兩個月，剛落地的愛車立刻就折舊十萬塊以上，如果是高單價的車，損失就更大。

買進口車，最容易有年份上的問題，例如九月從德國訂一部車進來，漂洋過海，經過海運報關，到了台灣可能都已經十一月了，車主馬上就面臨到跨年份的問題。儘管業務員會說出廠跟領牌的時間有落差，不過聰明的車主還是可以要求個五％到六％的折讓。

很多人都會在年底訂隔年的新車，例如二〇〇五年底會訂二〇〇六年的新車，但是很少人知道要在買賣契約書上面清楚寫著：「購買二〇〇六出廠」的新車，這樣才能保障買到引擎跟掛牌都是年度新車。如果沒有載明，就會買到所謂〇五—〇六年的車，也就是引擎是〇五年製造，掛牌是〇六的，那麼以後賣車就會有價差。

不過，如果換個角度，想要趁機撿便宜的話，年底時的末代車型就可以列入考慮，買這種車會有物美價廉的優越感，尤其是進口車，通常代理商會加了非常多的配備，或是提供非常優渥的零利率跟付款方式。所以若想要撿便宜，進口車的末代車型其實是可以在年底買的。

買車送東西要不要接受？我的建議是寧願殺價也不要接受，例如會送電漿電視，一般市面上國產的電漿電視，大概五萬、八萬跑不掉，車商大量購買也大概要三萬、五萬元，所以不要電漿電視，就可以跟業務員殺個三萬元。

除了業務員主動送東西之外，還可以主動A東西，不過以國產車A的空間最大，包括隔熱紙、中控鎖、安全氣囊等，很多不是標準的配備，能A就A，最近我有一個朋友買車，還A到一個ipod，很開心，因為一片CD不過二十首歌，但是ipod可以聽上三小時，讓他非常開心。

不過，如果你要買進口車，想A東西就很有限，因為該有的都有了，例如雙B車的玻璃就有隔熱層，所以根本不用再貼隔熱紙。其他的配備包括行動電話也都本來就有了，反而不用A。

很多人拒絕不了零利率的誘惑，我也覺得零利率是一個很好的購車方式，不過，基本上推出零利率的車，大概都不容易有殺價空間，但是可以用免息的方式買進心中想要的車，也是好方法。

有人問我，零利率如何判斷？很簡單，把每期的金額乘上期數，如果等於總價就是真的零利率。例如三百萬元零利率六十期，每期五萬元，那就把五萬元乘以六十，就是三百萬元了。

50,000元	×	60期	=	3,000,000 元
每期金額		總期數		總金額

有的車商強調零利率，但是只有十期，以三百萬元的高價車來說，每期的金額高達三十萬，負擔就非常大。所以奉勸很想要買車的人，一定要看清楚無息、分幾期，還要拿筆算一下，如果只看到無息就立刻下單，可能會後悔。

但是，如果你有現金的話，不一定要享受無息的優惠，因為給現金，一開始至少就可以先殺個十萬元；以四十八期一百萬元零利率來看，表示是兩年一百萬，通常銀行對新車的貸款約六%，所以第一年的一百萬，需要繳掉六萬元的利息，那第二年再扣掉本金大概也有四萬、五萬的利息，等於說一百萬裡面有十萬塊就是利息；如果是給現金，你就現砍十萬元的利息，而且不要忘記，如果車子是跨年分，還可以再少個五%！

什麼是便宜，很難定論，對於家財萬貫的人，三百萬的車很便宜，二千四百萬的藍寶堅尼就不便宜。不過對於很多一般人來說，便宜要求的是物超所值，如果跟我一樣的觀念，就要考慮買國產車，因為進口車的稅率高，以FOB離岸價格，先乘上一百三十五%的關稅，之後這個數字再去乘上一百三十五到一百六十五，可見稅高得嚇人。一樣兩部車都是八十萬元，一台國產車、一台是進口車的時候，可以想見進口車在歐洲當地可能一台只有四十萬元，所以它裡面的配備一定是很陽春，甚至它的排氣量是比較小。但是花八十萬買國產車，例如像很氣派的CEFIRO，包括DVD、抬頭顯示器等等，已經什麼配備都有。

維修上，國產車一定比進口車便宜嗎？這個迷思恐怕要被打破了，以朋馳汽車二〇〇五年E-CLASS來說，它的零件價格其實是跟國產的CEFIRO是差不多的，因為如果你直接找到零件的貿易商購買，然後找熟識的修車技師幫你更換的話，真的跟國產車的維修差不多錢。這個原因要歸咎於台灣有太多太多雙B的車子，因為進口的量非常大，所以價格也都便宜。除了代理商之外，貿易商削價競爭，修理廠也想盡各種方法去研究怎麼修雙B，所以買雙B車，你不用擔心非回原廠維修不可。

但是相對於其他的車廠，例如奧迪、福斯、VOLVO，因為相對的車量少，所以外面的黑手店不敢也不願意花那麼多錢去投資，因為會修的人少，進口零件的人也少，所以維修的成本自然也就高了。

原本我很喜歡一款寶獅的新車，不但廣告迷人，遙控器一按車門自動打開，活像阿里巴巴「芝麻開門」的場景。結果我問了價位，小小的車子要價接近八十萬元，後來我還發現零件維修非常貴，問了二手車市場，更發現這種廠牌的車子大都不容易有好價位，所以我就忍痛放棄這款誘人的新車。

所以要聰明買車嗎?先考慮是要買國產還是進口，畢竟價錢還是最現實的問題。再來考慮到性能、維修、外型。最後，照著上述的步驟，一路殺下去、想辦法A多一點，這樣你就會達到聰明買車的目的！

Tips

- 想要趁機撿便宜的話，年底時，末代車型就可以列入考慮。
- 用現金買車的話，不一定要採用無息的優惠，因為給現金，一開始至少就可以先殺個十萬元！

該買國產車還是進口車？

想一想，算一算

- 買車的費用有哪些？
- 百萬房車該挑哪一款？

每年年底是車展旺季，很多人都會想利用這機會買到夢想中的車子，不過我希望大家不要眼高手低，還是要實際些好，這樣才不會讓自己的荷包大失血。

買車的時候，我有兩個具體的建議提供大家參考，首先在買車的時候一個考慮就是預算先要確定，然後心裡要很堅定，不要受到任何影響，例如已經決定大概預算八十萬要買一部車，就不要再聽業務員的蠱惑。因為業務員會以他的三寸不爛之舌，不斷的催促你：再加三萬就升一級！或是再加五萬就多了很多配備等，如果不小心有朋友提醒：再加個十萬就可以買另外一個牌子的高級車，這樣下去，你就會大幅的超出原本的預算！

我看過很多的車奴，為了買到夢想中的車，就要付出高額的車貸，原本他買一部五十萬元以內的國產車，可以輕鬆度日。但是為了提前圓夢，一買就是百萬級的名車，結果是每天開水加泡麵，省下的錢，全都是拿去給名車加油用。其實，人生的夢想是要靠逐步去完成。

對很多人來說，加一點錢，就可以從國產換成進口，或是換個牌子，還可以晉升一等，的確誘人。不過我奉勸大家不要這樣盲目，否則會一直追加你的預算金額，最後不但荷包失血，還會忽略了後面保險費跟牌照稅的花費，最後受苦的人還是你自己。

不過二〇〇七年一月一號政府將調降汽車關稅和貨物稅，福斯汽車率先宣佈提前反應全車系降價，BMW也將跟進表示兩千CC以上車款降價十萬到三十六萬不等，朋馳和凌志則表示觀望。這就是購買進口車的好時機，可以多多觀察。

以國產車來說，九十幾萬已經算是百萬級了，所以其實買一些國產的三千CC、三千五百CC也是不錯的車，例如新推出的裕隆的TEANA，開過的人都覺得還算不錯，或者CAMRY3.0，也是很好的選擇。

像CAMRY車身那麼大，我就比較贊成開三千CC的，因為反而比較省油，操控性也更能夠隨心所欲，是蠻不錯的選擇。其實國產的高級轎車九十幾萬，加上牌照稅、燃料稅、保險費等等，差不多也要接近一百萬了，所以預算要小心抓，千萬不要以為你是買一百萬的車子，到時候加上那些額外費用，一下子就超出預算了。實際上來說，如果你花一百萬買個國產車，配備已經是好到無法想像了，尤其現在歐元大幅上漲，用同樣的錢去買國產的高級房車，不失是一個聰明的買車選擇。

Tips

- 買車時要堅定一開始的預算，不要盲目追加。
- 〇七年進口汽車關稅調降，想買進口車可多觀察這波價格調降。

聰明買車有撇步

U-car 總經理　陳鵬旭

人為什要買車？這是一個永遠不會有正確答案的問題。雖然，汽車的發明是做為交通工具，但汽車工業發展一百多年以後，它帶給人類心理方面的滿足卻更多。擁有汽車，可以想去哪就去哪，因此帶給人們自由的感受。汽車，也是社交工具，是和衣著一樣重要的行頭。汽車，是獎勵品，是事業成功時犒賞自己的獎品。太多太多的理由，讓人忍不住想擁有汽車。

一般人買車的過程，其實感性的成分總是多於理性。否則，市場上怎麼會充滿價位相差好幾倍的各式車款，雖然這些車款的移動功能都差不多。我敢跟各位打賭，價位不同的車子，如果由同一個人駕駛，從甲地到乙地所花的時間不會有什麼不同。因此，現代的汽車消費文化的發展，已經讓買車不全然只是為了擁有一部交通工具，反而著重於心理的滿足。

正由於買車的過程當中，充滿了各種不切實際的綺麗幻想，一旦汽車購入的時間久了，幻想逐漸消失後，各種現實的狀況往往會帶來許多麻煩，甚至是痛苦。因此，實在應該在買車的過程當中，保持更多的理性，以免日後悔不當初。

買車，首先考量的是成本，而成本又不僅是車子的售價。雖然擁有一部車的主要成本，是購入價格減掉賣出的價格，但整個用車的過程當中，還會有燃料、保養、維修、稅費等。另外，跟車子有關的開支都要算在內，例如：洗車費、停車費等等。因此，擁有一部車的成本，可以用以下的式子來表示：

擁有汽車的成本＝購入價格－賣出價格＋使用成本

從以上的式子看來，想要付出最划算的代價擁有一輛汽車，無非只有幾種方法：第一、買車的價格越低越好；第二，換車時將車子賣掉的價格越高越划算，因此要挑選折舊低的車款；最後，精打細算車子的使用成本。

I　怎麼買車最划算

這裡所要談的，並不是要各位買最便宜的車。車子的種類琳瑯滿目，每個人的喜好都不同，硬要各位買某一款車，並不實際。這裡要告訴各位的是，就算已經決定要買某一款車，還是要注意怎麼買才划算。

首先，是買車的時機。台灣的汽車市場，有兩個銷售高峰期：一是舊曆新年前的二個月；另一個是農曆鬼月前的二個月。

在旺季買車能撿到便宜，就和百貨公司週年慶大特價的道理是一樣的。很多人以為在淡季，尤其在鬼月買車會更便宜，這是錯誤的觀念。

由於想在農曆新年開新車以及避開鬼月的心理下，造成兩個車市的銷售旺季。車商累積多年的操作經驗，發現在旺季提高優惠幅度，幫助銷售的效果最好。因此，車廠普遍會利用這段時間，推出各種優惠方案。因此，買車時，稍微計劃一下，在這二個時間點再出手，是比較划算的作法。

此外，到底要貸款買車，還是以現金買車呢？近幾年來，車市吹起零利率風，但這只是優惠方案的行銷包裝，而不是真正免利息的汽車貸款。如果你想要以現金買車，車價會有更多的折讓空間，這就是所謂的「現金折讓」。例如，一款牌價六十萬的新車，同時可以辦理四十萬元四十期零利率；但若選擇以現金買入，車價可以再降三萬，這三萬元其實就是採用貸款買車所付出的利息成本。

因此，並不會有免利息的貸款，現金折讓的金額，也是利用「貸款金額」、「利率」和「期數」計算出來的。但由於車商推出的貸款方案，主要目的在幫助車輛的銷售，而不是賺取利息。比起一般金融機構的汽車貸款，貸款成數較高、期數較長、利率也可能較低一些。因此，如果考量個人財務狀況，必須以貸款方式購車，那麼使用車商推出的貸款方案也是一種划算的方式。

另外，有些人買車喜歡「A」一些配備及贈品，到底這樣做划算嗎？所謂天下沒有白吃的午餐，業務人員送你的配件，也是要花錢去買的。現今在市場上銷售的各式車款，尤其是國產車，配備都非常豐富，需要加裝的其實不多，如果買車時，就擺明了不要這些贈品，是可以請業代再折讓一些車價的。但如果某些贈品是你需要的，那麼少折讓一些車價，換來這些贈品也是挺划算的；因為這些贈品，業務人員取得的成本，會比起自己到賣場上去購買來得低很多。

Ⅱ 折舊越低的車越划算

一般人買車只會注意到車子的售價，而忽略了換車時，將車子賣掉可以得到的金額。一般人對車子的折舊狀況並沒有清楚的概念，往往是到了換車時，將車子賣掉後才曉得。萬一不幸買到一部折舊很高的車款，賣車時雖然很氣，但也已經來不及了。所以，了解車子的中古車行情，是計算擁有汽車的成本的重要功課。

那要怎樣才能知道到二手車的行情呢？我的建議是，向親友打聽過去換車時舊車的賣出價格，可以略知一二。另外，有些人會去參考坊間二手車雜誌上的資訊，但這種作法有個盲點。二手車雜誌上所刊登的價格，是車行售出車輛的價格，而不是車行向前一位車主收購的價格，反而會有被誤導的風險。

二手車市場上，有所謂的熱門車款，這類車款流通的速度非常快，因此收購價和賣價相差不大。因為好賣，車行通常賺個二、三萬元就肯脫手。但對於冷門車來說，車行購入後可能得花上幾個月的時間才有買主上門，所以購入和賣出的價差很大，否則車行會因資金的積壓成本而虧錢。因此，還是向曾經賣過舊車的親朋好友打聽，才比較容易得到正確的折舊行情。

Ⅲ 精打細算用車成本

開車上路所要付出的代價，並不是只有付出買車的錢而已，接著要付出的錢並不少。新車入手後，會有那些開銷呢？

首先，是燃料費。在能源逐漸枯竭的趨勢下，高油價已難以避免。依目前的油價水準，汽車行駛一公里所花費的油錢，大約是二‧五元至三‧五元，視不同的車款及用車的習慣而有所不同。

擁有車子之後，每年必須向政府繳交牌照稅及燃料稅，這也是一筆固定的開銷。這類的稅費，是依汽車排氣量的大小，分級課徵的。以Toyota Camry 2.0車款為例，每年要繳交一萬一千二百三十元的牌照稅，和六千二百一十元的燃料稅；如果是Toyota Altis 1.8車款，則只要繳納七千一百二十元的牌照稅及四千八百元的燃料稅。

而車子行駛一定里程後，可能因為故障而維修，也必須進廠保養維持良好的車況。根據國內一家車廠的統計，一部車價七十萬的新車從出廠到報廢為止，總共會進廠保養及維修四十次，平均花費約為五千元，總共會產生有二十萬元的維修保養費用。由於車況是逐漸老化的，以使用十年來計算，整體的保修費用，前五年約占三分之一，後五年則占三分之二。也就是說，如果你買了一款七十萬元的國產車，並打算使用五年，保養及維修的費用約是七萬元左右，大約等於車價的一成。不過這是以國產車來計算的，如果選擇的是進口車，相關的費用可能達到車價的一成半至二成。

此外，停車費也是不小的開銷，尤其是都會區用車者；開車通勤者，可能家裡和公司都要準備停車位，這類開銷都必須算入用車成本。還有，如果你是懶惰的人，或者居住環境實在沒辦法自己洗車，花錢洗車的開銷也不小。最後，別忘了還有罰單。如果你的開車習慣不好，或者警覺性不夠，甚至老是運氣不佳，不少的罰單都有可能讓你破財。

用車成本＝車價＋燃油費＋燃料稅＋牌照稅＋保養維修費（約車價的十％）＋停車費＋罰單

透過仔細的成本計算，會決定你該花多少錢買車。用車的成本最好不要超過收入的三分之一。如果你是月薪五萬元的上班族，以五年換車循環來計算，總用車成本最好不要超過一百萬元（五萬×十二月×五年÷三＝一百萬）。否則，可能會超過自己的負擔，因而排擠了其他的開銷，影響正常的生活品質。

還好，成本的限制並不會影響汽車的功能。二百萬價位的汽車的主要功能，六、七十萬的車款也做得到。因此，量力而為是最重要的，仔細計算成本則是避免誤差。一個人一輩子大約會擁有五、六部車左右，一旦擁有了車子之後，通常無法再回到沒有汽車的日子。買車，用車，換車，週而復始。有了正確的規劃，才能輕輕鬆鬆用車。

Tips

- 各車款折舊率不一，也須列入買車時的成本考量。
- 用車成本＝車價＋燃油費＋燃料稅＋牌照稅＋保養維修費＋停車費＋罰單
- 用車的成本最好不要超過收入的三分之一，以免影響正常生活。

買休旅車不盲目

想一想，算一算

- 休旅車的耗油量有多少？
- 排氣量多大的休旅車比較安全？
- 休旅車的優缺點有哪些？
- 買休旅車的評量標準是什麼？

買一台休旅車吧！不要管實際的理由，反正買了，你就會有很好的親子關係，你會變得很幸福！這是電視上的廣告，很多人都是衝著這一點就去下訂單買車！

不過如果你最近要買休旅車，除了浪漫因素之外，還要考慮實際一點的因素，那就是——休旅車比較耗油，尤其現在油價節節上漲，你最好還是先冷靜下來，停、看、聽！

其實高漲的油價已經改變美國汽車市場的生態，原先紅得發紫的休旅車漸漸有乏人問津的氣氛，也成為高油價下最大的犧牲者。根據華爾街日報不久前的報導，油價飆高，大幅度影響美國民眾購車的意願，想購車的人紛紛轉向車型輕巧、具省油效率的車款，而耗油的休旅車銷售量則是一路重挫，包括美國通用汽車及福特汽車就因為休旅車銷量大減。以二〇〇五年九月份的購車旺季來說，汽車銷售量較前一年同期分別衰退了二十四%及十九・五%；同一時間，標準普爾更是宣布把通用與福特列入債信評等可能調降的觀察名單中，標準普爾警告，二〇〇六年元月就可能調降這兩家汽車公司的評等。

國內車商則是沒有那麼悲觀，因為國外風行的大型休旅車，排氣量動輒四、五千CC以上，那才是貨真價實的休旅車，至於台灣近年來盛行的運動休旅車，應該稱為「多人乘坐的轎車式」休旅車，排氣量多介於二千至三千CC，屬輕型休旅車，一來較適合人稠地窄的台灣道路狀況，二來價位也相對的平價。

自從實施周休二日，再加上廣告商的助陣，把休旅車打造成親子、家庭相聚的重要工具，處處充滿幸福氣氛，而國人也愈來愈愛這種氛圍，也是休旅車在台灣市場大賣的主因。不過，車商也坦承，休旅車車體較重，特別是在走走停停的市區行駛，油耗成本確實要高出一般房車至少約三成以上。短時間內，國內油價漲幅還在可以忍受的範圍，一旦油價再度飆高，油耗成本還是車主的最大考量。

現在有很多女生喜歡開休旅車，她們發現開休旅車逛街、載小孩上下課，甚至去買菜都很方便，因為座位高高在上，有利於駕駛；像我有一次開著弟弟買的休旅車出去，就覺得居高臨下，開起來得心應手，連以前開轎車抓不到車寬的恐懼感也完全克服了。

但是有很多人只是憑著感覺去買車，還有一些人不知道自己為什麼要買，反正大家都買休旅車，就跟著去買休旅車。其實買部休旅車平常可能只是通勤上下班開，然後周末偶而會載全家人出去玩，如果是這樣，無形中，你已經開始浪費了。

現在市面上流行的休旅車，包括 TOYOTA 的 WISH 或是三菱的 SAVRIN，輪胎其實跟一般轎車差不多大，嚴格來說，其實就只是廠商把底盤車身變大到可以承載六至七個人。所以一般人在購買的時候就需要考慮，這樣的車身容易消耗過多的能源，不過很多 WISH 的愛用者都說，其實 WISH 倒是真的挺省油，我想這也是現在有很多計程車是開 WISH 的原因。

就算買一台七人座的休旅車，不過通常都是一個人在開，周末偶爾才會載到五至七人，你想，一樣排氣量的車子，無端增加好幾百公斤的重量，怎麼能不耗油？我有一位朋友在市區裡頭開了一部四輪驅動的休旅車，那是最划不來的事，因為從經濟效益分析，好幾百公斤的四輪驅動裝置，在一般道路上根本用不到，可是卻很耗油。

想要買休旅車的人，可能不知道休旅車除了耗油之外，停車尤其不方便，因為車身太高了，很多停車塔進不去。有時候大家約去吃飯，結果別人家的轎車都已經停好了，甚至都已經坐定位，開始吃了，你開的休旅車還在那邊繞啊繞……找不到適合的停車位。所以，這點不方便也要考慮進去。

休旅車的車體比較重，因為它多了四輪驅動的系統，車重增加了，相對的，油就耗得很兇，另外一點就是在行進間，轎車的省油速度應該是在九十到一百公里之間，可是休旅車車身比較高，風阻比較大，反倒時速大概在七十公里左右才最省油，所以你開休旅車上高速公路的話，是非常非常的耗油。

目前國內很多休旅車都是二千ＣＣ，但是我跟很多汽車專家討論過，既然車重增加、車體變大，就不能出二千ＣＣ的車，因為會拖不動，而應該推出三千ＣＣ才對；事實上，三千ＣＣ並不會更耗油，因為三千ＣＣ拖這樣的車體是剛剛好，至於二千CC因為拖不動，所以車子一直在很高的極限下跑，所以反而比較耗油。不過也許是國人喜歡「便宜又大碗」、「物超所值」的購買心理，所以車廠把車體變大，CC數不變，價格維持在中間，加上二千CC在稅率各方面都比較便宜，所以好賣，因此不但車商大賣，車主也高興。

其實已有專家提出警語，休旅車除了風阻大、油耗高之外，它也是比較危險的。美國就有很多翻車的案例，福特公司還曾經因為ESCAPE一個案例慘賠，那時候整整一年沒有賺錢。這個物理定律其實大家都知道，就是車越高越不穩，如果一樣跑到一百五十、兩百公里的時候，車體輕的轎車會開始飄，車身高的休旅車更是會有隨時飛起來的感覺。另外，拉高的休旅車，在相同的速度做大角度的轉彎時候，一般轎車轉過去了，但是休旅車可能一轉就翻了。

許多人開山路的時候，會擔心一般轎車的底盤低，可能會磨到地面不平的石塊，就會用轎車的駕照去開休旅車，其實這兩部車開起來的感覺是完全不一樣的，而且休旅車開山路還比一般轎車更危險，因為遇到顛簸嚴重的路面，翻覆的危險性比一般轎車高。另外，常常聽到很多休旅車因為車身高，視覺不夠寬，後退的時候會比較容易撞到小朋友……。

有很多人喜歡買兩部車，一台轎車式的，利於上下班通勤，另一台是休旅車，在假日出遊的時候用，當然對於有錢人來說，是很好的運用方式，不過如果是一般家庭，還是要實際些，因為休旅車泛指意義很大，有的是轎車型的，只不過位子多兩個；有的是越野型的，走山路顛簸的很；有的是四輪傳動，在市區不能發揮功能，卻耗掉更多的油。

撇開油價的因素，開休旅車對什麼人最有利？其實對開休旅車的人很舒服，因為視野很棒，不過要專心開車，無暇欣賞，所以對坐休旅車的人最有利，尤其是駕駛座旁邊的人，視覺效果最好、空間最大。所以被休旅車載的人最舒服，而這也說明了有買車決定權的人最有福氣。

Tips

- 休旅車車體較重，特別是在走走停停的市區行駛，油耗成本高出一般房車至少約三成以上。
- 難停車、車身高造成危險也是該考慮的休旅車採購重點。

善用加油換贈品

想一想，算一算

- 加油有什麼優惠？
- 加油站的贈品有哪些？
- 換贈品還是拿油票？
- 需要辦加油聯名卡嗎？

越來越多人感受到物價上漲的壓力，一到市場，不但買不起蔥，連基本民生物資都覺得變貴了，我的朋友更厲害，她發現巷口的麵包店，麵包價格不變，不過左看右看，就覺得麵包縮水一圈。

如何面臨現在的困境，我覺得也有小撇步可以提供，其中加油換的贈品需要先做調整。有幾次，我跟著老公去加油，發現贈品琳瑯滿目，很多都是生活必需品，只是過去很懶惰，每次都換礦泉水，一換一整箱，放在車後面，想喝的時候，隨手就拿。結果，聽汽車專家龐德說，這樣最不經濟，因為一箱水壓在車上，會讓車子耗油，現在油價上漲，不能不精打細算。

我已經聽到很多開車朋友哭訴，以前加滿油只要一千元出頭，現在怎麼要一千四百多元？一旦油價再漲，以後只能騎腳踏車！可見油價飆漲，對開車族的威脅不小，基本上，我比較建議，想要節省油錢的人可以向銀行申辦自己常去的加油站的加油卡，國泰世華的卡也不錯，因為持卡人不需要另外辦卡，就可以不限地點、不限加油店，得到加油的回饋金；現在我又發現，善用各加油站的會員卡，也可換東西，節省生活中的部分開銷！

除了銀行的加油聯名卡、信用卡也可以透過紅利積點回饋加油金，省下一筆油錢；另外，各加油站的會員卡也可以考慮一下，尤其各加油站的促銷花招也是省錢一族不可忽略的好去處。

目前有不少加油站都會推出會員卡，同樣可以紅利積點兌換生活用品，贈品琳琅滿目，有醬油、鹽巴、衛生紙、餐巾紙、廚房抹布、汽水……等，或是免費洗車；中油的部分加盟站甚至有加滿六百，送二十五元油票一張，相當於每公升降一塊錢；有些加油站會在每月特定的一天推出點數加倍的活動，這些都是可以省錢的管道。

物價、油價高漲的年代，想要省錢一定得勤作功課。有心的消費者只要多吸收訊息，善用各家加油不同優惠措施，就可以節省不少開支，特別是在油價高漲之際，想要省錢確實得花點心思，多留意各加油站、加油卡的促銷優惠活動。還有要提醒大家，不要跟我一樣，只會換礦泉水，加油時要走出車外，看看可以換的贈品，這樣才能精打細算過日子。

你也可以這樣做

每月於特定日期去加油，可以享受優惠日的好處；至於點數加倍送的活動在各家加油站幾乎都有，這些加油站送的牙膏、衛生紙等贈品，在物價節節高升的日子裡，可以提供家庭必需的用品，為民眾荷包省點錢，不失為一個重要的省錢妙招。利用加油免費洗車的優惠，以一次一百元計算，一周洗一次，一年就省下五千多元，不無小補。

Tips

• 有心的消費者只要多吸收訊息，善用各家加油不同優惠措施，就可以節省不少開支。

買車迷思大精算

想一想，算一算

- 買一台車，十年後會花掉你多少錢？
- 把花在車子上的錢拿去投資，又會賺到多少錢？
- 什麼樣條件的人，才有資格買車？

看了前面幾篇的買車撇步，你是否也想買台車來犒賞自己了呢？其實我最近看到網路上的一篇文章，分析台北縣市的社會新鮮人買車會對於理財產生的多少影響。算出來你可能不相信，六十萬左右的車，十年會花掉你一百三十幾萬！一起來看看這篇文章吧。

＊　＊　＊

出處：Mobile 01網站　作者：Pomah Yen

台北縣市的有為青年們！如果你要買的車，用途不是生財類，還是把錢省下來投資吧！因為買車實在太浪費錢了（當然啦！如果您月入超過六萬，我就沒什麼意見了）

精算證明：

新車+租車位+十年壽命+每月跑一千公里+定期原廠保養……其他）

1.（年初買）新車價七十萬（包括了第一年的保險領牌……等稅金，車子價錢大概在六十初頭，還OK吧）？

2.車輛折損十年之後：車子價值大約五到七萬，需視狀況，因此折價了六十三萬。

3.停車費五年：台北縣市租個車位，取平均值約四千，五年約二十四萬（後五年都當路霸，停車費不計）

4.路邊停車費十年計算：每個月支出約五百，十年合計約六萬。

5.油錢十年：超省油現代車，每月加油兩次，跑足一千公里，每次加油，每次約為一千。

十年下來，油錢合計為十二萬（假日出遊多出不計算）

6.所得稅部份，扣掉第一年新車價，還剩下後九年+半次的燃料稅，以1,800

CC以下的車子，每年預估付出11,920×10＋4,800＝124,000。

7. 強制險最基本二十五到三十歲男性：每年2,238元×9年＝20,142元。

8. 換照十年內，駕照行照各換一次：共四百元。

9. 一般保養：每年跑一萬兩千公里，就當做保養兩次，每次大約兩千，十年下來共四萬。

10. 特殊保養：大保養小保養等，平均一年提列一萬，十年共十萬。

11. 特殊裝備：不改裝，不美容。

12. 車禍A到：十年內，計算一次烤漆板金，金額大約二萬。

13. 五年後的每年檢驗：懶得算了……

14. 每年收到一張超速紅單，停車紅單，違規右轉紅單……等。

15. 其他。

以上合計：十年內，總共支出約為1,354,542元整（我相信以上幾乎是最基本的，就連GPS都沒算在裡面喔！）

平均每月花費：1,354,542/10/12=11,288

所以嚕！整整十年，你每個月都要為那一台車子，付出一萬一的代價耶。回到之前說的，如果你是在台北縣市上班，你也居住在台北縣市，其實如果平常作息是依靠摩托車＋計程車的話，摩托車油錢每個月五百，我相信上下班很夠了（北縣到北市），假日往返台北縣市，全部計程車替代大約五千也坐得很爽了。跑遠一點的，坐朋友的車，你幫他付油錢，一個月兩次，每次一千，你朋友一定很爽，怎樣算！都是很划算唷。

最重要的是，你一開始就可以省下七十萬，如果你夠聰明，再把這七十萬拿去投資，如果你夠厲害，每年都固定可以有十二％的報酬（兩支漲停板，再給你扣掉手續費）其實你每個月就會有700,000×0.12÷12＝7,000元，剛好可以支付你每個月的行動開銷。

也就是說，你過了十年，你依然還是保有你的七十萬，你也依然可以享受愛去哪就去哪的品質（坐計程車還有專屬司機，你也可以天天挑新車來坐），而買車的人呢，十年下來，必須付出大約一百三十五萬，一前一後，兩者就會相差了二〇五萬！

有了車，出遊玩樂的慾望增加了，其實花錢的數目遠大於估算的；沒了車，相對的少了很多的花錢機會。眼光放遠一點，當你從二十五歲到五十五歲，你都能夠不買車的話（十年一台，共換三台），其實你的財富跟有買車的人相比之下，當場會有六百一十五萬的差距！當然嚕！人生每個人都有夢想，如果理財有道，少來Mobile01誘惑，或是你控制得了自己，那麼五十五歲準備退休的你，加上平常每個月一萬的存款+退休金×三十年（當你一個月領四萬）二百萬退休金＋一萬×十二×三十＝五百六十萬的儲蓄，再加上你不買車的代價，你應該會有一千一百七十五萬的存款喔。

退休了，就是該享福的時候了，買一台好一點的車一五〇萬，天天遊山玩水，一千多萬的儲款保險理財約四%，每年也有四十萬可花，利息足夠你養車了！

好好看看這篇文章吧！奉勸大家，千萬別把錢花在車子上，除非你有下列的條件：

A.除非你很會賺錢，我認為每個月六萬以上，為現在的安全級數，其實這個數目也不誇張，一個月領四萬五的人，加上三節年終，小小兼差一下，應該就有了。

B. 除非你家裡很有錢。

C. 除非你有不用錢的停車位。

D. 除非你買到五年以上的優質二手車。

E. 除非你中了樂透。

不然身為理財專員的我，絕對不建議各位大大買新車喔！參考看看吧！沒有偏財運的或是投資觀念的人，請務必控制慾望，不然老的時候，沒錢沒車沒房子的時候、遇到國小國中同學之時，你用什麼要的臉面對自己的人生呢？想想吧！

* * *

看完了，是否給了你很大的震撼呢？尤其現在油價跟停車費都在漲，忍耐一下，先努力存錢投資，等到經濟能力夠了，有家室了，再來考慮買台跟身分相符的車子，開起來才會更踏實，更滿足！

Tips

・除非你買的車是用來賺錢（如跑業務或公司有補貼），否則社會新鮮人買車前絕對要三思，千萬別為了一時的快感而買車，等到經濟能力夠了再來考慮。

計程車投資學

想一想，算一算

・如何在自己的行業增加競爭力？

・何謂量身打造的服務精神？

一位計程車先生叫周麥克，常常自掏腰包買飲料、食物，甚至喉糖給乘客，感覺上，他多花了錢，可是，現在你要預約他的車，要等上一個月，要說花小錢，賺大錢，他就是一個好例子！

記得有一次，我到台積電十二廠演講，在前一天，一位先生打電話給我：「夏小姐，明天我會去接您，請問你要喝什麼飲料？需要幫你準備便當嗎？」我簡單的說，水就好！對方又問「冰的還是溫的？」我說隨便就好，我心想，台積電果然是世界級大廠，連接送的司機都是超規格服務。

第二天，台北雨正大，我到指定地點，一位長相斯文的先生已經撐一把傘在等我，讓我吃驚的是他開「計程車」，我每天都以計程車代步，並不是排斥而是驚訝，計程車幹嘛服務這樣好？又不是開勞斯萊斯！

我的驚奇之旅才正開始而已，一上車，他果然準備一瓶礦泉水，還問我接近中午到台積電有沒有用餐？我說沒有時間，就是利用中午的時候演講，他說，你想吃便當嗎？我買給你。我驚訝的問，台積電公司請你這樣做嗎？他搖頭，說是自己做的，錢也是自己出的。

我說你會賠錢的，不要說礦泉水跟便當，現在油價上漲，對於計程車司機來說，壓力不小，我覺得他會撐的很辛苦。他笑笑的說不會，我的生意已經排到明年了，很多大老闆、老師都是我的客人，我知道他們的習慣，他們也喜歡坐我的車。我的藍海策略，已經發展獨特的經營方式，因此計程車從來不空轉，不會賠錢，現在他還要進一步發展車隊，擴大營業。

他的名字叫周麥克，如果你有印象，前幾期的商業週刊才採訪過他，過去他一直跟著姐夫在做水電，通常都是姐夫忙不過去的時候，找他幫忙，後來決定自己下海開計程車，開計程車初期因為排班，也會被老鳥欺負，於是他開始思考如何做一個不一樣的計程車司機，想著想著，貴人出現了，一位企管顧問公司的人坐他的車，發現他親切又熱誠，於是安排老師的講座都由他接送。

慢慢的，他逐漸知道，只有服務好才會有競爭力，偏偏台灣服務精神往往只是表面客氣，內心的真誠服務並不多見，他體諒老師沒時間吃飯，細心的買便當，擔心喉嚨負擔，就會買喉糖給老師，最重要的是，他贏得服務的肯定，與老師在車上的對談也成為他學習的重點。

除了老師的傾囊相授，他自己也會逼自己廣泛閱讀，一個月要看上二三十本書，只要沒開車就看書。現在，他想成立車隊，已經有人加入他的團隊，他說，除了要挑選跟自己觀念合得來的人，他也用企管的SWOT來分析。

前不久，我看到一則新聞，世界首富比爾蓋茲邀請一位計程車司機到公司演講，我不知道內容是什麼，但是我看到國內的計程車司機周麥克，他不害怕中年轉業，不擔心「淪落」開計程車維生，更不擔心油價上漲而焦慮急躁，反而慢慢耕耘量身打造的服務精神，拉近顧客跟他的距離，他還由老師的學習中，不斷的成長，我相信，沒多久，你會希望聽到周麥克的演講！

相較於今天下大雨，我招來一輛計程車，聽到我要到新店，立刻說「我今天賺夠了，不去」，我不知道賺夠了是多少？一百萬還是一千萬，有人如此大器的說賺夠了，不想賺，於是把我丟在雨中，也有人認為淪落開計程車很「見笑」，對照不斷想要提升自己，而且還可以賺到更多錢的周麥克，我真的感慨很多。

Tips

・不管是各行各業，只有服務好才會有競爭力。

PART 3

少花就是多賺

* 你可以花多少錢
* 聰明省下二十萬
* 不花大錢吹冷氣
* 戰勝百貨週年慶
* 週年慶敗家哲學
* 賣場天天最低價
* 高貴不貴名牌衣
* 聰明搭配牛仔褲

你可以花多少錢？

想一想，算一算

· 有多少錢，就花多少錢，對嗎？

· 家庭支出比重如何分配？

在消費的同時，你有沒有想過，你一年可以花少錢？很多人的答案很簡單！認為有多少，就花多少，還有人不夠花，找信用卡公司預借現金，花了再說，少部分的人則是告訴我，賺的錢有七至八成都用在消費支出，剩下的兩至三成是來付房租，儘管生活過得並不輕鬆，但是起碼知道自己只能花賺來的七至八成。

台北市主計處在二〇〇五年的第三季發佈一項訊息，用數字來說明台北市民的荷包真的縮水了！受到每戶家庭就業人口減少等因素影響，統計北市去年每戶家庭可支配額為一二二・五一萬元，比前年減少七千三百元，但仍居全台各縣市之冠。

主計處還是將每戶家庭依可支配所得高低分成五等分，其中二〇〇四年前二十%高所得家庭，擁有所得就占全市三七・三六%，平均每人可支配五七・二二萬元，比收入最低的二十%家庭平均每人可支配二三・八萬元，多出一倍以上。

如果就家庭消費結構統計，家庭支出仍以房租及水費占二七・〇四%最高，飲食費二十・五二%居次，教養與娛樂費、運輸與通訊費、醫療保健費則分居第三、四、五位。

如果以這樣的比例來說，房租（或是房貸）、管理費、水電費、電話、瓦斯費、第四台的頻道費，最好控制在年收入的三分之一，其他的費用，就要好好的估算一下；我主張，把不能省的費用先列出來，就像房租不會減少，只會增加，一樣的，健保、保險費用也是固定支出，這些都確立之後，再來估算，還有多少錢可以花？

過去《智富月刊》做過一個調查，結果顯示，教育支出占家庭支出首位，而且過去幾年不斷向上攀升，近四成夾心族每月花在子女身上的費用為一萬到二萬元，甚至有兩成的夾心族每月花費二到三萬元，儘管教育支出不是越多錢就保證孩子越會讀書、會有好成就，但是很多家庭還是願意花較高的教育費，也因此，費用占了家庭總開銷的兩成比重。

有一個有趣的數字跟大家分享，台灣二〇〇四年的民間消費達六兆四千億元，占國內生產毛額的六四%，可以顯見民間消費是台灣經濟成長的最大動能，不過這六兆四千億元是靠誰來支出的？答案可不是少數的有錢人，而是一般的中產家庭！

這些消費的統計數據顯示，女性一年總計購買化妝品的支出約七、八百億元；而黃金、鑽戒這種高消費品，全台一年的消費規模也才二百五十億元左右，這兩項支出占民間消費還不到二%，就連男生最愛購買汽車，一年也就買個一千多億元而已。

看到工商時報的報導，讓我大感意外，因為中國人真是個好吃的民族，簡直具有飢餓恐慌症的潛在因子，因為光是食品飲料，一年便消費了一兆五千億元，至於旅遊、衣著、書報、娛樂的支出也同樣超過兆元，這些平民百姓的小額消費才是成就了台灣經濟的推手。

工商時報舉了一個例子表示，一個七十元的便當，人人買得起（不像黃金鑽戒，只有少數有錢人能消費），一般人會認為便當的消費對經濟助益不大，但若全台一半的人（一千萬人）每天吃一個便當，一年下來所創造的消費便高達兩千五百億元，這個支出比化妝品、鑽戒、汽車的消費總和還要高，而在吃的這件事上，儘管有錢人大啖魚翅、燕窩等山珍海味，但再怎麼吃，其所創造的消費還是遠遠低於小康之家所消費掉的便當。

依主計處統計，國內最有錢的百分之二十家庭（一百三十九萬戶）在吃的上面，一年支出約四千億元，而其餘中產小康家庭（五百五十六萬戶）一年在吃的支出卻高逾一兆元。

沒想到吃還是家庭支出的最大宗，難怪主婦都會說，開門七件事：柴米油鹽醬醋茶，都是以吃的為主；也因此，家庭主婦更應該要量入為出，減少外食，買菜回家煮，就會省很多。總之，吃的方面，不要超過家庭總開銷的兩成。

當然，消費的第一堂課是不能舉債消費（買房子、買車子的貸款不在此列），所有的食衣住行、教育、娛樂、保險醫療費用應該各占多少比例？應該好好計劃一下。

如果根據我們剛剛的估算，房子支出占三成，教育支出占二成，吃的部分也占二成，有一成一定要以健保、勞保以及商業保險支出為主要項目，剩下二成，要投資還是要買東西，就會變得很明確了。

支出比重餅圖

我有一個朋友，夫妻兩人月收入約五萬元，平均開銷（保險、房貸、家庭支出）約四萬元，小孩一個三歲，一個還在肚子裡。她問我，應該有多少零用錢可以花費，我很尷尬的說，除非有年終獎金或是其他的績效、業績獎金，不然，她必須很小心地以免入不敷出。

基本上，家庭月收入五萬元，月支出四萬元是有點高。這時，降低支出是唯一的路。先由家庭帳目中審視哪些是不應該的消費，砍掉後如果能夠把支出降到三萬，是比較安全的範圍，否則，就只好增加收入了。如果每個月收入扣除支出後只剩一萬元，建議先存六個月的生活所需，也就是至少先存二十四萬元以上，做為生活的儲備金，萬一收入出現狀況時，還能維持家庭一段時間的正常支出。

當存足生活費後，再考慮其他投資，好比每個月定期定額投資五千元或一萬元的股票型基金，如果有賺錢的話，就可以作為自己的消費支出，就算不拿來消費，也可以為孩子未來的教育基金做準備。這是我中肯的建議，他們現在正在奉行這樣的規畫，我也希望年輕的新婚家庭可以這樣做。

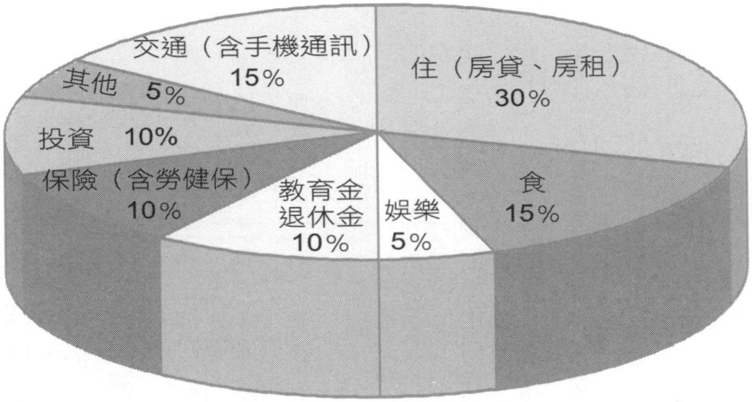

雙薪家庭支出比重建議

※應因應不同階段做調整（如子女出生、增加教育費退休金等）

其實女性通常支配八成的家庭消費支出，主要是因為她們生活經驗豐富，對於產品具有實際體驗並會進行評價，她們對價格斤斤計較、又有很多姐妹淘可以交換情報，對於商品瞭若指掌。至於男性只能主宰菸酒、酸痛貼布等少數商品的購買權，所以，更要奉勸女性對於家庭消費支出，要有更明確的比例分配計畫。

有鑒於台灣「吃的文化」顯然遠遠勝過「美的文化」，常有人在談花錢時，會說：「吃最實在」，對「美食」也最掏得出腰包裡的錢；但是書籍、花卉在家庭消費支出百分比中，卻占不到個位數字，這倒是一個遺憾，相信在文化開銷比例中，多加入零點幾的比重，是不會壓垮駱駝的，值得大家多花費。

根據我的普查，女性支出最大宗以服裝占六成最多、餐飲娛樂跟旅行占了四成，其中購買夢想中的商品或服務（如買名牌包包、整形美容、出國遊學等）占了七成以上，而家庭支出、書籍、創業、家庭用品明顯偏低，僅占一成，可見，沒有規劃，就會讓錢花在無謂的消費上。善用比例的管理，你可以發現，不是你要花多少錢，而是你有多少錢可以花？

下表是一張試算表，如果你每個月省下一雙鞋子的錢，大約三千元來做投

你可以花多少錢？

每月定額投資試算表

假設年報酬率	期末累積金額 假設投資年數	假設每月投資金額		
		3,000元	5,000元	10,000元
10%	5年	219,784	366,306	732,612
	10年	573,747	956,245	1,912,491
	20年	2,061,900	3,436,500	6,873,000
	30年	5,921,785	9,869,641	19,739,283
15%	5年	242,726	404,543	809,086
	10年	730,934	1,218,223	2,436,446
	20年	3,687,969	6,146,615	12,293,230
	30年	15,650,825	26,084,709	52,169,418
20%	5年	267,898	446,496	892,992
	10年	934,513	1,557,521	3,115,042
	20年	6,720,768	11,201,280	22,402,560
	30年	42,547,736	70,912,894	141,825,788

說明：以上試算數據為概算數字，未考量每日複利、浮動利率、通貨膨脹率等因素。

資，找到十%的投資工具，五年之後，你就會有二十一萬，十年會有五十七萬元，三十年會有五百九十二萬元；省下一個包包五千元，拿去做投資，你就會發現，十年你就有機會變成百萬富婆；當然，省下一件衣服一萬元，你在三十年後會有近二千萬元的財富。你覺得，是不是要修正一下自己的購買習慣了？

輕鬆省下二十萬

想一想，算一算

- 賺錢快還是省錢快？
- 生活中有哪些錢可以省？
- 能省多少要怎麼算？
- 怎樣在省錢中還可以保持生活的品質？

很多人都問我在現今的微利時代下，要怎樣賺錢？

我的答案是省錢比賺錢容易；好比是開源還是節流重要？我的答案也很肯定：節流重要！

當然兩者能夠並行是上上策，不過，如果有先後順序，就一定是先節流。在我採訪的很多公司中，每次碰到不景氣的時候，公司首先著手的就是省錢作戰計畫，他們都認為開源大不易，節流則是處處可以進行。

有兩家公司的真實案例讓我印象深刻，一個是譚魚頭的老闆譚長安，前不久，他身穿名牌衣服來台灣宣佈接管，他一到餐廳的第一件事就是捲起名牌衣服的袖子，兩隻手往垃圾堆裡撈，邊撈邊罵：「太浪費了！」

這個男人不過四十出頭，但是已經是大陸排名前三名的餐飲鉅子，也是中國大陸十大策畫家之一。譚長安從一九九六年創立譚魚頭至今，分店已擴充到一〇九家，年營業額超過人民幣八億元。由於口味跟管理問題，台灣的第一家店一個月做不到兩百萬元的生意，連香港分店一千四百萬元的零頭都達不到，所以他來台灣宣佈接管，同時推出正宗的口味。

我感動的不是台灣終於可以吃到正宗口味的譚魚頭，而是一位管理者重視節流的精神，這就是他經營的精神。

還有在二〇〇一年底發生跳票的西雅圖咖啡董事長劉增祥，也讓我印象深刻！在西雅圖剛傳出跳票危機的同時，我跟同事一起去採訪西雅圖極品咖啡的董事長劉增祥，他打起精神邊烘培豆子邊跟我談起自己引狼入室的遭遇，看得出來，他的心情壞透了，加上當時的消費市場持續低迷，財務壓力很大，眼見他的理想就要崩潰，連我們都替他擔心。

後來，發現他開始進行一些積極的做法，為了求紓解債務壓力，西雅圖收了一些分店來瘦身，同時緊縮門市展店計畫，也展開節流動作；劉增祥說，經過節流的規劃之後，每個月省下將近三百萬元，如果是要開店賺三百萬元，至少要投入上千萬的成本才可能賺到；而他不過只是節省不該浪費的糖包、奶精，以及部分人事成本，就達到這樣的效果，也因此讓他喘了一大口氣。

劉增祥表示，西雅圖極品咖啡是他一手創立的品牌，絕不會輕易放手，等經營再順手些，還有上海展店的計畫。我聽了，覺得節流計畫真的救了他。

以企業的經營來說，可以發現，在不景氣的時候想要賺錢，的確很有壓力，因為不景氣時擴張業務跟資金的風險都很大；個人也是同樣的道理，在開源賺外快的過程中，還是要付出成本的，例如時間、搭乘交通工具、吃飯等等的成本，有時候，還會因為貪心賺外快被老闆發現，最後導致工作不保，這也是風險。所以，時機歹歹，還是想辦法先節流，進行自己的省錢作戰計畫！

對於很多上班族來說，每年要多賺二十萬元，的確很困難。很多人告訴我，即使吃一九九、穿一九九，也存不了錢，不過如果照我的方法去做，一年要省下二十萬元，是絕對可以能達到的。

仔細想一下，一天少坐一趟計程車，至少省下一百元，一年就會省下三・六萬元；一天少喝一杯咖啡，省下一百元，一年也是省下三・六萬元；如果加上少抽一包菸四十元，一年省下一・六萬元；少喝一瓶飲料五十元，一年也是省下一・八萬元，算算一年至少省下十萬元以上，打個五折，每隔一天花一次，也會省下五萬元。

所以，隨便省下個飲料費，一年就可以省二萬元，再想想，還有哪些多花的錢？或是可以替代的方案？一天吃一份商業午餐一百八十元，改成八十元的便當，一年省下三萬六千元；少打五分鐘的行動電話，每天省三十元，一年也可以省下一萬元；少吃零食、少唱KTV、少去或不去健身房……算一算，你一年就可以省下不該花的二十萬元。想想，一年要多賺二十萬元並不容易，但是要省下二十萬元，的確容易多了。

節制消費其實並不難，但是要留意身旁不經意的浪費，這是大家常常會忽略的，我並不希望大家苦哈哈過日子，以前有電視票選小氣家族，或是省錢女王，結果都是用慘不忍睹的方式過日子，例如每天吃王子麵，或是全家一天沖一次廁所等，聽起來就很恐怖。

生活上，還是有很多又優雅、又環保、又省錢的方法，例如把洗米水留下來洗碗；需要慢火細燉的料理用壓力鍋或是燜燒鍋來節省瓦斯費；不要常用微波爐（瓦斯比電省錢）；不要大火快炒蔬菜，改成燙蔬菜；晚上洗澡的時候，不需要全家人一起洗，只要大家排好相近的時間，這樣瓦斯不需要重新點燃，水管裡的冷水也不會被浪費掉。

電費其實是家庭中大的開銷，有的家庭會在夏天的時候，全家人擠在一個房間睡覺，只開一台冷氣，我想這是個方法，卻不是最好的生活模式，因為全家的舒適感以及生活品質還是要兼顧。我曾經聽過電器專家的說明，只要在冬天時候，把不需要的電器開關拔下來，以一個四口之家，一年就可以省下將近三千元的電費；如果能夠由其他地方省下開銷，讓全家人都很舒服的過日子，才是理財的目的。

以一個家庭的耗電量分析，冷暖氣機、電冰箱、電腦、電視機以及燈具等，幾乎佔了家庭電費的八成左右。一般家裡的暖氣使用度不高，除非是老人需要，可是我看到現在有很多家庭，因為擔心孩子冷，於是大量使用電毯、電暖氣，台灣是個亞熱帶環境，即使寒流來，也不至於太冷，靠多穿幾件衣服禦寒就可以。這樣的過度保護，不僅是電費的問題，還有以後孩子若想到北國過生活，也會出現適應的問題。

電腦也是很嚇人的耗電，弟弟是電腦專家，天天開著電腦，因為他喜歡電腦隨時等他，不喜歡等電腦。但是有一天他突然改變了，因為工程師跟他說，每天電腦多開機五個小時，一年電費就會多二千元，所以電腦還是需要的時候再開機來用。

省錢表：填填看，自己可以省多少？

舉例說明：

項目	金額	替代方法	省下金額
每天喝咖啡	50元	買三合一咖啡（一盒六包50元＝8.3元／包）	每天省41.7元 41.7×260天(假日不算)＝10,842元
開車的停車、加油費		搭公車／捷運／間隔開車	
總　　計			元

其實連電燈泡都有省電跟耗電的差異，過去我的感受不大，因為我總是喜歡昏暗的燈光，覺得有氣氛、有情調。不過在我的好友，同時是室內設計師的東洲建議後，我才知道，其實很多燈泡又熱又浪費電，例如很多人喜歡的崁燈，通常都是用來照美術畫作，熱度很高，所以有時候燈全打開，就需要也開冷氣，結果是花了更多的電費。

所以，輕鬆省下二十萬元並不難，你現在就可以動手去「賺」了！

Tips

- 少喝一杯咖啡或少抽一包菸，一年省下的錢多得出乎意料，這就是熱門的「拿鐵效應」。
- 冬天時候，把不需要的電器開關拔下來，以一個四口之家，一年就可以省下將近千元的電費。

不花大錢吹冷氣

想一想，算一算

・冷氣機的耗電量有多大？

・有沒有比較省電的冷氣機種？

・家裡還有哪些電器比較耗電？

・平常該怎麼輕鬆省電？

我常常鼓勵大家去百貨公司吹冷氣，因為冷氣的電費實在嚇人，不過後來看到一些新聞也讓我大吃一驚，因為連百貨公司都開始節省冷氣，十七家百貨公司三個月就省下四百萬元的電費。我想，個人跟家庭也要好好注意冷氣的這筆花費。

根據報紙在二〇〇五年十月底報導，國內的百貨公司在當年夏季省電大作戰的成績傲人，五、六、七月的用電量與前一年同時期相比，就有十七家百貨公司達成省電目標，合計共節省電費大約新台幣四百萬元。

這是環保局在二〇〇五年初，針對大型百貨公司舉辦了「台北市百貨業挑戰溫室效應省電大作戰活動」，共有新光三越天母店、新光三越A9館、SOGO、衣蝶、ATT、誠品西門、明曜百貨等十七家公司，加入節約能源活動。經過了五、六、七月的節約作戰，各家百貨公司用電度與前一年同時期相比，陸續有八家、五家及九家百貨公司先後達成省電目標，節省用電度數為二百零三萬度，合計節省電費四百萬元。

根據台北市環保局統計，五月省電績效前三名的百貨公司，依序為SOGO崇光店、新光三越南西店、衣蝶百貨；六月績效前三名為新光三越南西店、SOGO敦化店、明曜百貨；七月份績效前三名分別為誠品西門店、新光三越A9、一〇一購物中心。其中新光三越信義店A9館及南西店連續三個月的用電量均較前一年同時期節省，省電幅度最高達十・〇八％。據統計，以一家月平均用電量二百萬度的百貨公司，如果每月能節約用電〇・一％，每年便可以減少二氧化碳排放量十五公噸，並且省下三十萬元的電費。

說到這些百貨公司節約用電的方法，幾乎家家都各有本事，例如新光三越A9是將賣場原先設定的二十四度，調高一、二度，並且把空調開放的時間縮短，原本各樓層的送風機是全開的，後來調整為工作人員到班時先開一台送風機，開店前半小時再開一台；空調關閉時間也由打烊前十五分鐘，調整為打烊前半小時。此外，還有停車場也採行照明減半措施。

台北101購物中心的大樓公關室經理謝文也說，雖然七月份才加入省電計畫，不過他們的具體省電措施包括：購物樓層公共區域使用節能燈泡、空調定溫在約二十六度左右、中央空調半夜以離峰電力運轉來降低大樓溫度，隔天樓內才不致悶熱，並且藉此節省白天開館時空調電力的使用。

你看，連花錢不眨眼的百貨公司都有精打細算的省電計畫，一般消費者或家庭用電更是不可不重視冷氣省錢的重要。

冷氣可以說是家庭耗電量最驚人的產品，所以我會鼓勵大家到外面去吹冷氣，如果在家裡吹，最好溫度設在二十五度，再加上電風扇，就會有很好的效果。至於買冷氣只考慮價錢的時代已經過去了，目前全球已經普遍重視冷氣機節約能源的功能，紛紛使用新冷媒、直立變頻的冷氣機，最高可以省下六十%的電費，如果是高電度使用戶，可以用得越久越省電，所以也要奉勸大家，家裡的老舊冷氣機可以考慮汰舊換新了。

現在廠商生產的冷氣機已經由過去重視靜音、舒眠的訴求，轉變到追求省電跟節約能源；例如使用新型的直立式變頻冷氣機和過去的舊款冷氣機相比較，大約可以省下三十%到五十%的電力，而如果用新的冷媒還可以省下至少五%至十%的電力，所以兩者相加，最高可以省下約六十%的電力；另外，受到蒙特婁約定書的一項保護臭氧層約定，目前全球已經開始限制現行R22冷媒的使用量，所以，國際性的大品牌，如松下及三洋都已經捨棄了R22機型，改以R410a的環保新冷媒變頻機種，其他如東元、聲寶等品牌，也都紛紛推出R410a變頻新機種。像大金冷氣於二〇〇五年上市的R410a冷媒機種COP節能值甚至高達四・六六，高出政府所規定的二・七七及節能標章的基準值三・一九。

也許有人會說，買新款式的冷氣機種一定比舊型冷氣機貴，但是計算節能的費用後，就會發現花在購買新冷氣機的費用，會比較快攤平（依各用戶使用情形不同有所差異，一般住家約二、三年），至於公司行號則會更快就可以攤平成本了。

除了冷氣機外，電器待機也是很耗電的！根據消基會的實測，家庭常用的電器林林總總相加，每戶每月平均的待機電費約七十元，一年近千元；所以，如果把家庭使用家電的待機模式改變一下，一年就可以省下一千元。

至於要怎樣節省待機電費？只要把主電源關掉，或是使用有附加開關鍵的延長線插座，不用的電器就切到「OFF」，比拔插頭還要方便安全。

消基會的報導詳細指出，舉凡有遙控器、預約功能、睡眠裝置的電器，待機時都很耗電。消費者只要檢視電器在關機後，是否還有小燈亮著，或是螢幕上是否有小點亮著或閃爍著，就可以知道電器是否處於待機狀態。

消基會就曾經委託台灣科技大學電子系實測二十三台洗衣機、十八台電視、十一台DVD播放機、十七台微波爐及三十台床頭音響，計算每種電器的平均待機電力；結果發現，床頭音響的待機電力最大。

調查發現，洗衣機待機平均每年耗電費約為二十三元，有烘乾功能的洗衣機，待機耗電較一般洗衣機高。二十九吋電視的待機耗電費一年約為三十五元。DVD的待機耗電費為六十四元。微波爐的待機耗電費為六十一元。至於床頭音響，由於幾乎都有遙控功能，有些還兼具時鐘、鬧鈴、記憶功能，待機耗電費最貴，約為一百零一元。

算一算，一般家庭中至少有近二十台電器處於待機狀態，除了不適合切斷電源的冰箱之外，還包括冷氣、洗衣機、電風扇、電視機、DVD播放機、烘碗機、排油煙機、音響、微波爐、熱水瓶及電腦暨周邊設備等。消基會調查六個家庭，主要電器待機耗電量約為三十瓦左右，一個月下來，光是因待機而要付出的電費，最高約七十元。所以針對不常用的電器，如三天才洗一次衣服的洗衣機，大家可以養成習慣，把主電源開關切掉或是拔掉插頭。

有些消費者會擔心插頭不斷插、拔更耗電，對此台灣科技大學電機工程系教授蕭弘清表示並不會。不過要注意經常拔插頭可能導致插座鬆弛，造成接觸不良或插電時產生火花，所以他比較建議選用有附加開關的延長線，會比較安全。

Tips

- 冷氣溫度設在二十五度，再加上電風扇，就會有很好的效果。
- 省電費可以把電器主電源關掉，或是使用有附加開關鍵的延長線插座，不用的電器就切到「OFF」，比拔插頭還要方便安全。

戰勝百貨週年慶

想一想，算一算

- 什麼時候逛百貨公司最划算？
- 消費前要先做哪些準備？
- 有哪些方法可以降低消費成本？
- 什麼樣的商品適合在百貨公司活動檔期中購買？

根據報紙的報導，說二十一世紀最重要的字是——「她」！這個字戰勝「科學」等候選字，成為二十一世紀最重要的一個字。顯然，消費以及經濟大權掌握在「她」手中，已經是這個世紀的消費經濟模式。

對很多女生來說，百貨公司不要常去，一年去個十次以內就好，常去的話，會衝動性購物，還會出現店員強力銷售下的被動購物，結果都是一樣：讓你的荷包大失血！

每年有兩個時段是一定要去百貨公司朝聖的：一個是母親節檔期，一個就是年底的清倉大拍賣。除了利用活動優勢外，還有一些撇步可以讓你學會聰明逛百貨公司！

逛街之前一定要先做功課，收集各家戰

報來做比較，比價格、比品牌，還要比產品的容量數，一點也馬虎不得；之後，列出採購清單，把「一定要買」的，例如化妝品、內衣、超低價折扣品列清楚，再把「想買」列出來；一般來說，想買的通常太多，所以列清單就可以治癒你的罪惡感。

列想買的清單前必須先檢視家中的情形，例如發現這一季欠白色長褲，那麼就要清查衣櫃之後再寫出來，否則一進入百貨公司，發現大家都在搶，明明自己本來沒有要買的，買回來也不會穿，但是就會跟著人一窩「瘋」地搶著買回來，而且即使只是供奉著不穿，還都覺得快樂——這就是女人。

清單列好之後，就要連絡同學、朋友，有沒有認識的人可以買到八八折，甚至八五折的禮券。據我所知，兩大晶圓大廠台積電、聯電的福委會都會銷售某大百貨公司的禮券，如果用八五折禮券，再買七折的商品，等於別人只打七折，而你卻買到五九折的商品。我就常常拜託國中同學的妹妹她最好朋友的男朋友的嫂嫂的鄰居，幫我買到便宜的禮券。

百貨公司通常都是靠母親節帶動上半年度的買氣，因此各家都會祭出超低折扣，只是雖然經過多年的折扣激盪，還是很少人能夠冷靜、理性地面對這場折扣誘惑戰。

基本上，對所有的女性（現在慢慢擴充至男性了），化妝品是必買的產品，因為秋冬換季在即，這時候可以先買下新貨，以往年母親節重頭戲的化妝品櫃來看，歐美系的品牌折扣殺得夠低，由七折、八折，向下探到五折、三折，這個策略固然是想要挽救前一個月份因天氣不穩定所造成的業績不佳，準備以母親節的業績表現搶救上半年業績。另外，對於很多女性來說，化妝品或是保養品，都需要三份（自己、婆婆、媽媽），所以很容易刷新業績。

經過我的市場調查，有些廠商會將所有正品及小容量贈品融合包裝，精算出所有產品價格後，才打出超低折數；也就是說，特惠組中可能只有正品是消費者想要的，其他附加的小容量產品可有可無，乍看之下，好像折數很大，實際上是買回一堆自己不需要的產品。囤貨在家，不但沒省到錢，還可能花了冤枉錢。

還有，在百貨公司下手買東西，最好不要貪圖百貨公司的贈品，這幾年下來，我發現，百貨公司的贈品一年不如一年，有時候，銷售小姐會說：「差九百元，你就可以去換三萬元的贈品，要不要多買一瓶卸妝油？」通常大家都會答應，不過，想想那九百元已經超過贈品價值的好幾倍，拿回家還會佔地方，要送人又有「贈品不得轉售」的字眼，塗抹不掉。所以，奉勸大家，不要因小失大。

總之，消費者一定要想好、看準自己想要的商品，仔細評估折扣後的價格，才下手買，不要太在乎旁邊花花草草的贈品，或是根本用不上的配搭產品，這些附加品都是煙幕彈，千萬要小心。

雖然說現在景氣不佳，但是女性產業卻不受影響，已經有好幾家百貨公司都標榜是女人專屬的百貨公司，因為他們發現，女人就是消費市場的主力，她們肯花錢、敢花錢、愛花錢！

根據主計處的統計，台灣有二百八十萬的未婚女性，過去十年女性的平均年收入成長一・六倍，遠比男性的一・四倍還高，不論從收入和消費能力上看，單身女性的消費水準已經大大超越了事業有成的男性中產階層，難怪消費市場都要鎖定女性。

台灣女人的消費能力真的超乎想像，根據估計，台灣百貨業一年的營業額高達二千億元，其中八成以上是由女人主導；以二〇〇五年SOGO百貨台北忠孝店為例，第一天的週年慶業績達新台幣四億元。永慶房屋調查顯示，去年大台北地區獨立購屋市場，女性購屋比率約五成五，超越男性，成為市場主力。富邦金控也發現，女性每月持卡消費平均五千元，高出國人平均額的兩倍以上；台灣全年的保費中女性佔六成，高達四千八百億。女人們不但幫自己買東西，也幫孩子、丈夫、父母、朋友買東西。難怪有人說，百貨公司的東西百分之八十是賣給女人，另外百分之二十是男人買來送給女人。

基本上，女人注重自我投資、關心生活品味，的確是美事，不但改造自己也帶給家人優質的生活，但是很多時候，不管東西實用與否，也不管是否會超出預算，只要東西夠時髦、夠有趣，就輕易地一擲千金，反而帶來極度的罪惡感，就得不償失。

有很多人會問：「女人究竟要什麼？」心理學家佛洛依德始終沒搞懂過，但是根據趨勢，未來十年，甚至更久，經濟大權就是操在婦女手中，而且這股力量將逐漸擴大。很多企業已經注意到將婦女的期望轉為市場利基，預計可以從中獲取可觀的利潤；反過來，女人如果不能聰明消費，就會在這一場世紀的消費大戰中，提早出局，所以聰明消費才能確保你的地位，不會被這一場毫無顧忌的花錢洪流所擊潰。

你也可以這樣做

很多人到了百貨公司打折的時候，都會顯得既興奮又憂鬱，原因無它，因為很快就會體會「錢到用時方恨少！」的心情，所以，平時就要預存血拚基金，才能化解危機。

坦白說，每年週年慶應該花多少錢因人而異。我有一個朋友冠女，不買衣服，不過光買保養品就要花掉七、八萬元；也有朋友只買寢具，一買就是十幾萬元，這樣一筆的支出的確龐大，這時如何計畫性支出，就是很大的考驗。

以我個人來說，我比較贊成平常就幫自己預存血拚基金，依照自己的需要和支出，每月提撥一筆錢出來，例如，每月收入的十%、二十%都是好方法，以一個月三萬元收入的人來說，每月存三千元至六千元作為消費支出，如果沒有花掉，那麼每年週年慶的時候，幾乎就有三萬六到七萬二的經費可以運用，不管要買什麼都會變得比較輕鬆容易；當然，最重要的是，每個月不能花掉，才能累積這筆錢，如果都花光了，血拚基金自然就會不夠。

我最反對預支血拚基金的做法，週年慶的時候，大都是接近年底，於是很多人就會想先動用年終獎金，我有一個朋友是在一家電信公司上班，薪水不錯，電視上也預測年終獎金有六・六個月，她十分開心，於是在百貨週年慶期間，先開始血拚，她想好用信用卡刷卡，等帳單到了的時候正好也發年終獎金，可以拿來支付帳單。不過，後來公司公布年終獎金是五個月，比她預期得少，於是她開始擔心扣除週年慶的花費，剩下的年終獎金可用的支出就會縮水。這還算是幸運的，也有人以為年終會有一大筆的業績獎金，就預先花掉，後來才發現，業績獎金要等年後才發，因此負債上就出現了黑洞。這都是提醒大家，要預存購物基金，而不能預支花費，以免承擔風險。

在採購內容方面，衛生衣、內衣、保養品、鍋具、寢具大都是家庭趁著週年慶採購的主力商品。不過，千萬要謹記，採購花費最好不要超過年收入的五分之一，因為，通常家庭的房貸或是房租支出，就會占去三分之一，小孩的教育支出、生活開銷、勞保、健保費用，也會佔去其餘的大部分，如果突然出現龐大的消費金額，就會打亂原有的支出計畫，而每個月預存十％或是二十％的消費基金則是一個比較可行的好方法。

Tips

- 逛百貨週年慶之前一定要先做功課，收集各家戰報來做比較，比價格、比品牌，還要比產品的ＣＣ數，一點也馬虎不得。
- 在百貨公司下手買東西，最好不要貪圖百貨公司的贈品，以免因為不需要的產品而花了大錢。

週年慶敗家哲學

想一想，算一算

- 百貨折扣戰，出門要帶哪三把刀？
- 年中及週年慶時，哪些優惠品值得搶購？
- 搶購特價品及組合品如何不因小失大？
- 平時化妝、保養品要怎麼保存？

每年到了六月、十月，就是各家百貨年中慶、週年慶的關鍵時刻，各種敗家戰報相繼出爐，這時候，姐姐妹妹們都已經磨刀霍霍，準備下手囉！

通常，我會建議，姐妹們下手買東西的時候，一定要隨身帶三把刀：一把是水果刀，針對精品下手，因為精品的殺價空間不大，能夠輕輕刮下一點水果皮就算不錯了，如果刮不下水果皮，A到一點贈品也算值得。

第二把刀，是主廚刀，也就是針對自己最熟悉的產品下手，包括你常去的服飾店、家庭用品店、化妝品店，或是珠寶店等等，通常都會針對老客戶，有回饋甚至更多折扣的活動，這時千萬別客氣，用你平常拿刀切菜的方式，用力揮下去，通常都會成功的！

第三把刀，基本上稱作斧頭，需要用力一砍，最好攔腰就砍下去！針對大型家電或是珠寶飾品，最為適用。因為年中及週年慶的時候，很多專櫃都有拚業績的壓力，這時候，就會有只要業績不談利潤的商品，如果你能夠適時的帶著斧頭出門，應該可以有很好的戰績。我的朋友有的就是帶著斧頭出門，意外買到比市價便宜很多的按摩椅、珠寶，每次提起，還得意得很。

帶了刀出門，也要慎選產品。基本上，百貨公司年中慶及週年慶一定要買的商品就是化妝品跟保養品，姐妹們需要有備足一年用量的心理準備。

以下是根據很多百貨公司樓面主管、品牌經理研究出來的「完全攻略手冊」，大家要詳讀。

策略1：品牌日、獨家貨，細看目錄找利多

品牌之外，百貨公司還有品牌日、一日發燒品或當日限定貨，甚至三大百貨

體系還要求獨家貨色，如 SOGO 有買一送八，其他百貨也要想破頭的提案，因此便宜了消費者。此外，百貨公司有沒有滿千送百?消費者都須嚴加留意。因此如果沒有及早收集目錄做功課，只怕好康會少很多。

策略2：頂級品折扣低，有心人快趁機下手

在百貨公司要求下，近年來的新潮流是頂級產品有不少特價組，例如聖羅蘭靈芝精華液，平常單價九千元，年中及週年慶時買一送一，形同五折；此外，迪奧的活顏再生精華組打到五八折，海洋拉娜也都會有贈品。基本上多數頂級名牌都有六二折左右的折扣，是有心人一親芳澤的絕佳時機。

策略3：VIP預購高規格　不必和人擠破頭

通常很多專櫃都會在年中及週年慶開打前先推出特定預購，於是貴賓級人物就不要跟大家人擠人。

策略4：除了包包，家電、居家用品更實用

贈品方面，不要被包包沖昏頭；我很多朋友都為了包包去買化妝品，後來發現大家人手一包，氣得不拿了。其實贈品包最好出國用，時尚又不會撞包。幸好從前年開始，除了送包包外，還有送電子鍋、美容電器和美容收納盒、披肩、披毯與家用拖鞋，甚至連蠶絲被都出爐了，值得大家精挑細選一下。

攻略5：大堆贈品比內在，適合膚質最重要

特惠折扣雖然屢創新低，不過許多的組合產品都是納入計價成本而拉低折扣的試用品，因此不管組合包裝得再漂亮、贈品再誘人，仍是要以自己這半年內會密集使用的產品為考量，例如保溼抗老和美白賦活等類為原則來購買。不了解自己皮膚需求的人，更要在年中慶或週年慶開打前就到皮膚科醫生或專櫃上測量膚質，並密集訪貨訪價，才能在活動時，真正變成美麗大贏家。

策略6：分期付款不用白不用

現在許多信用卡銀行會和百貨公司合作，推出年中及週年慶消費分期付款服務。基本上這是純服務性質，也是百貨公司鼓勵消費所釋放的利多，消費金額不用半毛利息，比信用卡分期繳款要付利息還划算，是值得參考利用的。

策略7：明星特惠組，不搶會後悔

化妝品除了價格優惠之外，就屬買千送百活動最為划算，其中保養品又是重點。基本上，化妝品公司的策略就是在淡季的時候，也就是非活動期間（母親節、年中慶、週年慶、年終折扣）的時候，舉辦彩妝發表，這時候，就會推出限量的彩妝品，讓你非買不可。而大型活動的時候，絕對沒有限量的彩妝出現，反而可以考慮購買一整年要用的保養品。

策略8：防曬粉底不可少

除了日常使用保養品的習慣之外，很多人都會忽略防曬。陽光不但會把你的皮膚曬黑，還會產生女人最害怕的皺紋、黑斑，造成老化跟粗糙；現在包括乳液、粉底、隔離霜，甚至口紅都有防曬係數，我覺得是夏日必備產品，特別是粉底，每次補妝就是做了一次防曬，一舉數得，經濟實用。

策略9：粉底顏色，深比淺好

提到粉底，姐妹們要慎選，我常看到很多人畫過妝之後，不是變成黑黑的「烏」婆臉，就是變成白白的日本藝妓，讓美麗大打折扣。其實選擇接近頸部附近的兩頰處顏色最為準確，如果很難抉擇，寧願色系深一點也比淺好，這是一位非常資深的化妝師中肯的建議。

策略10：比折扣、比容量，看使用期限

化妝品是會汙染的，也會有細菌感染，所以如非必要，不要買大瓶裝，不然最好能夠先分裝，避免污染；還有，很多人塗口紅，以為是自己在用，所以毫不在意，其實有時候，自己嘴唇上的氣味，例如喝湯、吃大蒜，都會讓氣味留在唇

上，到時候，口紅再擦上去，也就被污染了。最好每次用過後，用衛生紙輕輕擦一下口紅，避免氣味跟細菌殘留。

準備去買化妝品了嗎？記得先研究手上的敗家戰報跟這篇文章再出門喔！

你也可以這樣做

一年的化妝品錢應該規畫有多少？根據我的普查，很多人認為，一年花二萬元至三萬元足足有餘了，多花的，都需要用到隔年。而且，每年都有新產品，每年都有週年慶，其實真的不需要花太多錢來存貨。

簡單來說，化妝水、保濕乳液、晚霜、眼霜、精華液、隔離霜、粉底、口紅、睫毛膏等，使用一年的花費在二萬元以內，如果加上其他的卸妝、洗臉甚至香水、面膜等，一年三萬也足足有餘，所以不要因為便宜就大肆採購，我想很多人都沒有看過口紅用完是啥模樣，因為根本用不完。

我的一位朋友是非凡的當家主持人鄭明娟小姐，她可是知名的主持人，結果我看她把一瓶長得像牙膏的粉底乳剪開，發現裡面的粉底夠她擦上一星期，這個秘方也提供大家參考。

所以，每月存一千至二千元，就可以買全一年份的用品了。

Tips

- 買保養品要會看成分標示，如果成分含有玻尿酸或微脂囊素，價格自然高一些；成分是甘油、凡士林或維他命E等，就應該只有幾百元的價值。
- 「保濕」產品，指的是乳液及面霜，是含有油分的產品；而不是「化粧水、精華液或凝膠」類的產品。
- 保濕乳液或面霜的成分，包括鎖水劑、增濕劑、乳化劑、抗氧化安定劑及防腐劑，前兩者對皮膚的保濕有直接助益的效果；後三者，則是讓產品油水安定、不變質。
- 乳液或面霜含有的油脂成分及比例，接近皮脂成分的話，鎖水效果會比較好。

賣場天天最低價

想一想，算一算

- 什麼時段的商品最低價？
- 哪些品牌最便宜？
- 低價訊息哪裡有？
- 百貨聯名卡有什麼優惠？

想要當個精打細算的家庭主婦嗎？千萬不要忽略「天天最低價」的口號！

我有一個朋友，她們家就是各大賣場「天天最低價」的擁護者，雖然是六口之家，不過每個月的花費卻比三口還要省，主要原因就在於她專挑量販店DM促銷時買東西，不但划算而且省錢。

一般家庭必需的用品不外乎牙膏、牙刷、洗面乳、洗髮精、沐浴乳、衛生紙、衛生棉、食用油、洗衣粉、清潔劑等，還有支出金額頗大的家電用品或是奶粉、尿布等，跟著DM促銷價採購，平均都可以便宜三到四成；例如我就看過知名品牌牙膏，原價一組三條需一〇九元，DM促銷價只要六十六元，還附贈三支牙刷；洗髮乳原價為二百九十元，DM 促銷價只要一百三十八元；衛生棉價差更大，原價二十片一包，三包一組二百五十元，DM促銷價只要八十九元。

當然 DM 促銷檔期也不是每次都能趕上，所以如果想要撿便宜，最簡單的方法就是鎖定各大量販店所標榜的「天天最低價」，也就是說，通常超市或是大賣場幾乎每天都會推出當日最低價的商品，只要買這種就對了！或是購買委託相關業者代工的自有品牌商品，價位較領導品牌便宜至少三成；雖然過去曾經傳出代工產品「份量」不足的缺點，不過經過報紙大爆料之後，應該改善不少。還有，如果是消耗品，例如衛生紙，買自有代工品牌最划算，加上不是吃的，也不用擔心口味合不合的問題。

根據目前喊出天天最低價的自有品牌商品為：家樂福「N.O.1」、大潤發「大拇指」、愛買「最低價」、特易購「Value Line」；一般超市也有「本日最低價」，而且商品都包括了居家最需要的食品、日用品等幾大類；因此，衛生紙、食用油、礦泉水、紙尿褲、食用米等，都有低價可以購買。

基本上，只要消費者對於產品品牌的忠誠度不是很高，選擇天天最低價的商品來採購，每個月就可以為家裡省下一筆不小的開銷。

除了各大賣場，在百貨公司裡面也可以精打細算。在百貨公司消費時，要先蒐集折價優惠券，通常報章雜誌都會配合百貨公司商品折價活動印有折價印花，只要剪下想購買且超優惠的商品印花，就可以輕鬆消費。

接下來，就是要善用百貨公司聯名卡的各種優惠與資源，首先就是零利率的分期付款，可以藉此分配預算，如果是要買大型家電產品，或是單價比較高的床組等，都可以利用這項福利。

不過最近一年來，部分家電通路為了衝刺會員信用卡業績，針對聯名卡友推出小家電終身免費維修服務，大型家電送修費用也可以累積點數，並且提供替代家電，值得精打細算的消費者多加利用，而且這是百貨公司所沒有的服務喔！

如果家電壞了，想要省錢就一定要先送修，真的修不好得買新的，那麼在功能需求下，購買機型較舊的家電，避開已經漲價的新款機種，也是不能忽略的小細節。

買家電最重要的是，一定要選在家電通路兵家必爭的大型檔期去消費，價格會比非檔期的價格便宜不少，這些熱門檔期一般包括尾牙、十月各店週年慶、還沒開始熱的夏天，以及不定期的福利品特賣會，各通路都會推出「破盤商品」，正是採購的好時機。

在百貨公司中，百貨公司聯名卡也有紅利折抵，點數可以立即折抵現金，如果你在百貨公司不打折的時期，卻又有非買不可的商品，就可以採用這樣的消費方式。

有心人還得隨時注意百貨公司促銷活動，服裝秀或VIP茶會等時期均有特惠或折扣，此時可以進場採購最超值的新品。在百貨公司大型促銷活動時，也有多重贈品、回饋企劃或各家獨家商品特惠，就是購買的最佳時期。

很多百貨公司或是大型賣場會在打烊前半小時或更早一點，進行低價促銷，其實很多商品都可以再放一至兩天，所以有心人不用太早去賣場，晚一點去，可以佔的便宜越多。微利時代，省得多等於是賺得多，這點秘訣不能忽略！

商品最低價時間表

- 傢俱：百貨公司週年慶、過年時
- 床單：百貨公司週年慶、過年時
- 鍋子：百貨公司週年慶、母親節、過年時
- 家電：百貨公司週年慶、母親節、父親節、過年時
- 所有商品：公司清倉時、公司結束營業時

Tips

- 買家電一定要選在家電通路兵家必爭的大型檔期去消費，價格會比非檔期的價格便宜不少。
- 想要撿便宜，最簡單的方法就是鎖定各大量販店所標榜的「天天最低價」自有品牌。

高貴不貴名牌衣

想一想，算一算

- 有哪些方法可以買到便宜的名牌衣？
- 怎樣躋身名牌族？
- 名牌折扣的訊息如何掌握？

誰說一定要花大錢才能買到名牌商品？名牌也有便宜貨可以買！最近一、兩年，就陸續出現許多的暢貨中心（Outlet）或剪標商品店，以二折到六折不等價位售貨，商品項目包括生活用品、服飾、運動鞋等，經營形態及定位也互不相同。

我有一個朋友專門到好市多買POLO衫，休閒時或是打球都方便，據他的說法，在這裡買衣服、眼鏡甚至一些巧克力、糖果、小禮物等，都比美國本土還便宜。

有一次我去逛特易購大賣場，就發現有NIKE的暢貨中心，專賣過季商品，價錢也很超值。

國外的outlet，國內大部分翻譯成「暢貨中心」，賣的大部分都是過季出清商品，或是當季滯銷的正品，但是也有業者調整貨色後，設立於專走特價路線的賣場，以求去除庫存壓力。

另外買便宜名牌貨的管道，就是剪標商品店，剪標名牌服飾大多是公司下單委託工廠製造時（OEM），廠方為避免部分裁縫車台出問題等因素造成退貨，所以多生產至少五％的數量，最後這些多餘的貨品流到市面，就出現了剪標商品。

也有可能因為布料洗過後褪色、領口縫製出現小問題時的退貨。製造商不定期剪掉品牌的吊牌、剪壞logo，或不繡上品牌名稱，賤價出售這些原本該是名牌的商品到中盤、小盤商，或者整批「切貨」賤售；這些衣服，行話就叫做「store貨」，通常有特定的店面販售；有很多在夜市販售的剪標品，則有可能是仿冒品。

如果還要更上層樓，往精品級的名牌邁進，也不是沒有方法，不過投資就要多一些囉。

基本上，想要名牌上身其實不難，雖然名牌衣服起跳價就以萬元計算，對於上班族來說，是很大的負擔，不過換季期間就是很好的購買時機，只要用點「撇步」，你也可以輕鬆的和嚴凱泰一樣帥、殷琪一樣酷、林志玲一樣美麗優雅！

購買名牌的步驟，一定要先由小皮夾開始，因為價錢比較便宜，尤其打折的時候更值得投資，對於很多上班族的男女生，在中午外出用餐，或是洽公時候，只要手拿一個名牌皮夾，就可以讓別人對你有很好的名牌印象存在。還有人更精打細算，買一個名牌的「名片夾」，在遞名片的時候，讓人眼睛一亮，名片夾價格又低於小皮夾，我覺得這樣的策略運用是相當成功的。

接下來，就是皮包，因為皮包的品牌印象比皮夾更鮮明，通常拎一個有質感的名牌包，別人一眼就看出來，尤其名牌包的質料好、設計搶眼，通常可以用很久。像我八年前在國外買的LV Speedy包，兩年前又重新流行，讓我高興很久。買皮包最好買基本款，不要趕流行，像我的朋友好不容易買到一個櫻桃包，現在卻懊悔不已，因為大家都說這是上上上上一季的產品。我的包跟她是一樣的品牌，只是少了櫻桃，而且還是八年前買的，可是沒人嫌，這就是基本款的魅力。

接下來，就是鞋子。一雙有設計的、良好質感、經典的好鞋，絕對有兩三倍的加分作用。我常常看到很多女生打扮美麗，用名牌包、穿名牌衣，不過腳上的鞋子已經泛白，有的還開口對我笑，我實在替她可惜。如果能夠搭配一雙好鞋，就是完美的美女。還有一些男生也是一身亞曼尼，但是穿雙白襪，或是即使穿黑襪，襪筒卻止不住的往下滑，讓人覺得好笑。這些都是倒扣分數的打扮，最好避免。

名牌衣服最好是最後才買，因為衣服最貴、流行性最強，如果有經濟壓力，千萬不能掉入這個無底洞。

沒有足夠銀彈買名牌衣的人，假使能夠趁換季折扣時進場，也能夠在有限的預算中，找到適合的衣服；穿上名牌衣，品味跟價值就會全部出籠。

例如正逢年度折扣期間，就連全年不打折的亞曼尼正牌也會釋出一些八折的商品，至於副牌 ARMANI COLLEZIONI 也有六到七折的折扣；我很建議大家由副牌進入服裝的門檻，看看這個系列的衣服是不是適合你。否則，有人名牌上身，卻不見品味與氣質，就像是有人「穿上龍袍，也不像皇帝」，白白浪費錢！

我建議大家，沒事多去逛逛香奈兒、GUCCI、DIOR 等高級名牌專櫃，一來看看品牌的精神適不適合自己，二來先問一下，自己喜歡的衣服款式有沒有較多的尺寸。如果有，就表示下次折扣的時候，比較有機會買到；如果只有一個尺寸，表示進貨不多，也不大有機會留到折扣時。

撿便宜貨也要有先投資的觀念，最好能先找到喜歡的牌子，要集中火力選定一家，不能散彈打鳥，浪費銀彈。先買一兩件衣服，然後跟店員做朋友，這樣店員就會告訴你第一手的折扣訊息，因為，通常在打折第一天搶進才會搶到好貨，如果店員跟你關係不錯，還會幫你做搭配。這樣，就能以便宜的價格穿出名牌的精神。

有些名牌甚至有過季品五折的超低折扣，還在名牌初級班或是名牌入門班的朋友，倒是可以趁此時搶進，挑選一些剪裁材質都不錯的基本款單品。其實基本款的變化不大，但是很有品牌精神，所以，黑色、白色是首選，越簡單的款式越好。

以我自己來說，就曾經很多次搶到五折便宜名牌貨的經驗，這種感覺真的很棒，因為一件衣服都可以省下上萬元。例如我在打五折時買了一件GUCCI的皮衣，省下了三萬元，驕傲到現在哩。

基本上，所有名牌都不會大張旗鼓的發降價或是打折傳單，因為這樣有損名牌形象。他們通常只會在換季時直接更換吊牌上的價格，這樣的訊息也只有熟客會知道，所以和銷售小姐建立關係非常重要。最好在第一時間知道折扣訊息，立刻買進，這樣就可以花比較少的成本，輕鬆穿上名牌衣。

你也可以這樣做

有一次機會跟陳麗卿小姐聊天，我簡直吃了好幾驚！因為對於絕大多數的女人來說，從來沒有算過自己衣櫥的「資產」有多少？根據她的統計，正常的上班族，出社會二十年，衣櫥的資產約四百萬元跑不掉！

她的說法並不是沒有根據，首先，她有很多學生的調查資料，還有一些統計數字，以一個「非常省」的上班族來說，估算每季買二套套裝、兩件上衣、褲子、裙子、兩雙鞋、兩個皮包，一年也要十五萬六千元。

估算如下：

套裝	7,500元×2套×4季＝60,000元
上衣	2,500元×2件×4季＝20,000元
褲子或裙子	3,000元×2件×4季＝24,000元
鞋子	2,500元×2雙×4季＝20,000元
皮包	4,000元×2個×4季＝32,000元
	156,000元

當然，你也可以用這樣的方式來估算你的衣服應該有多少價值，或者，乾脆跟我一樣，拿一枝筆跟一個電子計算機，輕鬆的憑記憶就可以算出衣服花了你多少錢？

買衣服，一定要是資產而不是負債，如果大量的刷卡去買衣服，結果衣服全都塞在衣櫥裡，根本就是一種浪費。

所以，當你要幫自己的衣櫥添加新品的時候，千萬要記住：

1. 不要借錢買衣服。

2. 不輕易試穿，免得被灌迷湯，讓荷包失血。

3. 小心魔鏡會騙人。

尤其是小心鏡子會騙人，別被銷售員洗腦。很多商店的鏡子都會讓人顯得瘦高，千萬記得站在距平面鏡約三十公分處，或者請同行的好朋友幫你實際觀察一下，畢竟友人眼中的你比較真實。

4. 別讓反應快又會幫您別上珠針做修改的店員給唬弄了，不要不好意思，不喜歡就走人。

5.別掉入買多算便宜的陷阱。

別太貪小便宜了，衣服夠用就好，更何況每年都有新衣服，再買就是了，不要同款式的買兩件。當然，不要像我朋友一樣，因為一件二百九十九、二件五百，所以他總是有兩件一樣的上衣跟褲子，其實並沒有加分作用。

6.全台灣不會只有一件，不要被店員的甜言蜜語騙了。

我曾經碰過一位店員，她跟我說，這件褲子名模孫正華也有買，她的腿跟我一樣長，讓我聽了好開心，後來我碰到孫正華本人，天呀，她整整高過我兩個頭！清醒吧！姐妹們！要克制一下我們的購買慾！

Tips

- 買名牌可以從單價低的小皮夾開始入門。
- 名牌衣服最好是最後才買，因為衣服最貴、流行性最強，如果有經濟壓力，千萬不能掉入這個無底洞。

聰明搭配牛仔褲

想一想，算一算

- 買什麼樣的牛仔褲最划算？
- 如何讓你的牛仔褲與眾不同？
- 搭配衣服的要訣為何？

買一條牛仔褲吧，可以讓你輕鬆搭配任何上衣，也可以讓你年輕十歲！

根據牛仔褲業者調查，台灣年輕人平均每人有七條牛仔褲。不管是上課、逛街、約會，穿上牛仔褲準沒錯！直統反摺、緊身小喇叭、超寬褲管、七分小煙管……只要能讓雙腿修長、比例漂亮、心情愉快，而且物超所值，就值得買下這條牛仔褲。

幾年前，時尚界並不太注意牛仔褲，尤其早在三、四十年前還被稱為「打鐵仔褲」，是做粗活的男人耐磨耐髒的工作褲，更別提女人要穿牛仔褲，這個論調與一百五十年前，牛仔褲發源地美國工人墾荒時穿的服裝配備相當吻合；不過現在，如果你沒有穿過牛仔褲，可就落伍了。

牛仔褲可以百搭，就是不能搭牛仔上衣，否則真像要去德州套牛了。如果你穿好了上衣，下半身卻不知道該穿什麼，相信我，就套件牛仔褲吧。剎時間你會覺得自己變得時髦、帥氣，又別出心裁。無論上衣是毛衣、襯衫、皮衣，都可以！鞋子穿高跟鞋或是小短靴都很美妙。像我經常上衣穿得比較華貴一點，但是輪流配上幾條便宜的牛仔褲，讓我總是能夠隨時得到大家的讚賞。你也可以試一試！

在大量資訊與媒體「教育」下，台灣民眾已經很習慣將牛仔褲搭任何款式的服裝出門，從輕鬆休閒、華麗晚宴、帥氣獵裝、正式西裝……都可以隨性搭配。

如果你像我的朋友一樣翻出衣櫥裡的舊牛仔褲，DIY一下會更美妙；有一次，我看到吳淡如穿件有咖啡杯圖案的牛仔褲，覺得很酷。一問之下，才知道是她自己畫上去的，後來我請她也幫我畫兩件，她畫了貓咪拎一個提包逛街，可愛極了。

還有一個朋友莉驊，她是加上珠子亮片，原本是邊看電視邊做的無聊工作，但是她的好玩、即興、遊戲之作，也大受朋友歡迎。想要把一九九變成高檔貨，她推薦就是自己加上一些珠珠或者刺繡，都會讓牛仔褲顯得更美妙。

至於牛仔褲的售價從一九九、三百九十元的大賣場與夜市牌，到上萬元的精品、限量牛仔褲，都各有擁護者。一般國產品牌牛仔褲售價，平均二千元至三千元左右的價位，國際精品則是需要上萬元。基本上，我認為只要穿得好看就是最適合的牛仔褲，我有一件三百九十元的，也有一件上萬元的，穿起來都很能修飾我的腿型，所以不需要為了品牌買不適合的牛仔褲。不斷的試穿、找朋友鑑定是最好的方法，當然第一次買的人，最好不要買太貴，免得穿不習慣，白白浪費錢。敏感性皮膚要買人工刷白的，不要買到大陸製的甲醇洗白。把握基本的條件，就可以幫自己的衣帽間添一些不花腦筋，卻有個人特色的牛仔褲！

二十五種穿衣技巧

1. 穿衣服的三個基本守則：要穿出比實際年齡年輕十歲、身上不要超過三種顏色、要有一條剪裁良好的牛仔褲。

2. 使用相近元素的色彩搭配較能呈現優雅的特質，大地色、米白色、黑色、灰色，都是以優雅取勝的顏色。

3. 黑色是都市永遠的流行色，灰色既亮麗又不會太跳；如果一款衣服有許多顏色可以選擇，可以考慮這兩款色調。

4. 不要讓衣櫃成為顏色複雜的調色盤，選擇黑色、白色、米色等基礎色作為日常著裝的主色調。

5. mix&match（混搭）是最高原則，不要複製的品味。牛仔褲可以百種搭法，任何上衣都可以試試看，會有意想不到的效果。

6. 買名牌衣服的準則：基本款、不要太流行、不要太怪異、黑白兩色為首選。

7. 經典重要、時髦也重要，適合自己卻是最重要。

8. 價格貴的衣服也有醜的、不適合你的，有品味的人不必有名牌的迷思。

9. 流行不是重點，適合自己才是最重要。

10. 衣服可以造就人不同的曲線，穿衣服至少懂得掩飾缺點。

11. 盡量讓自己維持一個特點，太多的特色反而無法讓人印象深刻、無從稱讚起。
12. 不要太執著於品牌，否則會忽略掉許多物美價廉的東西。
13. 沒有永遠的流行，穿出自己的個性才是恆久的流行。
14. 訓練自己可以十件衣服穿出二十款搭配法，就可以慢慢塑造出自己獨特的品味來。
15. 一件材質高級的保暖外套，內著輕薄的毛衣或襯衫，這樣國際化、都會化的穿衣原則絕對是歷久不衰。
16. 衣櫃裡一定要有件品質細緻的白襯衫，因為沒有任何衣飾能夠比它還要千變萬化。
17. 選購衣飾，除了耐穿、耐看之外，還要加入一些潮流元素的配件，這樣整體上就不會顯得太沉悶了。
18. 閃亮的衣飾在晚宴和派對上永遠風行，可是全身除了首飾以外的亮點最好不要超過兩個，否則還不如都沒有。

19. 記得在預算中撥出購買配飾的費用，因為它具有畫龍點睛的作用，可以塑造不同的品味和風格。

20. 完美的搭配比單件的精采來得重要。

21. 成熟都會女子的基本扮相，就是：高貴、冷靜。

22. 穿著的三個基本要領：得體、表現美感、呈現個性。

23. 買衣服的三個選擇標準：你真的很適合、你真的很需要、你真的很喜歡。

24. 不要偷懶買套裝，自己搭配更有特色。

25. 不要忽略一雙很好的鞋跟適合的髮型，否則再美的衣服也無法加分。

Tips

- 牛仔褲可以百搭，但就是不能搭配牛仔上衣。
- 翻出衣櫃裡的舊牛仔褲，ＤＩＹ一下就能為品味加分。

PART 4
把負債變資產

* ＊資產還是負債？
* ＊把負債活化
* ＊把小錢變大錢
* ＊幫你賺錢的信用卡
* ＊刷卡A好康
* ＊回饋多多的聯名信用卡
* ＊買對基金賺大錢
* ＊儲蓄險不見得聰明
* ＊投資型保單的利與弊

資產還是負債？

想一想，算一算

- 如何分辨資產跟負債？
- 如何控制消耗財？

很多人很難分辨汽車、房子，甚至孩子是資產還是負債？如果就財務的觀點來說，沒還清之前，都是負債，還清了，就是資產。

如果這樣的說法，你還很難判斷，我有個很好判斷的方式：感覺是愉快的就會變成資產，感覺不好的就是負債，很多人沒有成為卡奴，卻變成屋奴，每天回家不開心，覺得壓力大，我就建議他把這個大負債變賣了，因為房貸一還二十年，天天不開心，遲早得憂鬱症。

如果是很愉快的心情之下，擁有房子，感覺就會不一樣，工作會更賣力，希望多賺錢，趕快繳清房貸，擁有自己的窩，如果懂得利用財務操作把負債變成資產，更是現代人要學習的功課。

這兩年來，很多的投資人把房貸借出來投資，因為房貸利息低，我有認識一位房地產老手，去年花六百萬買下總價將近兩千萬位於復興北路的房子，今年九月賣出房子，賺了六百萬元，大家說他的報酬率是三十%，可是他才拿出六百萬買屋，並非兩千多萬元，他真正的報酬率是一倍！

他就是活用自己的負債，因為他原來就有一間房子，但是眼見股票投資不容易，又發現借出來利息低，於是跟銀行辦理一個透支帳戶，由房貸戶頭中借出一筆金額，隨借隨還，利息也是以借款的天數計算，這樣就把原先認為的負債（房貸），活化成投資房地產的現金，投資賺的錢，就是貨真價實的資產。

買房子賺一倍，應該是很開心的事，不過我卻認為，如果要買屋，不要考慮賺多少，要賺更多，不如買股票，以宏盛股票來說，如果買不起帝寶，買宏盛股價，最低是五元，漲到二十元，一漲就是三倍，比房子賺的多。

對於資產雄厚的人，堅信有土斯有財，或是對於房地產景氣嗅覺敏感的人，希望能夠證實自己眼光精準，因此投資房地產，但是一般人如果只是要找一個窩，一個讓家庭舒適愉快的環境，漲幅不重要，愉快最重要！

就像很多人，對於養孩子有不同的觀點，有的認為孩子是來討債的，那麼，就是你前世欠債，於是把孩子當成負債，也當成自己的壓力，如果把孩子當成資產，就會覺得愉快，我想養到林志玲的父母親就會覺得愉快，如果不是每一個孩子都能變成周杰倫、林志玲也沒關係，起碼，你的心境會愉快二十年，這樣也就夠了。

當你買東西的時候，你一定要想，這是資產還是負債？一般來說衣服、皮包、鞋子、冰箱、液晶電視，這些東西其實都是消耗財，也就是一種負債，所以消耗財的控制很重要。另外，當你買貴重的消耗財就要考慮：賣出去剩多少錢？這就是殘餘價值。

對於支出計畫中，消耗財不要花太多錢，對於負債更需要有積極的方法來變成資產，這才是關鍵。

Tips

• 覺是愉快的就會變成資產，感覺不好的，就是負債！

把負債活化

想一想，算一算

- 房子買在哪裡好？
- 如何挑選對的房貸？

我常常跟大家分享，買房子是一種很好的儲蓄工具，因為新婚夫妻每月繳房貸，大約十五年的時間，就可以把房貸繳清，這是央行對於清償房貸的數據資料，大家都不喜歡欠銀行錢，所以總是能提前把房貸繳完，快速把負債變成資產，人生就會富裕很多。

購屋是大學問，我常奉勸大家，在自己喜歡居住的地方買屋，不要屈就於房價或是貪圖便宜，買到不方便的居住地區，以新婚夫妻來說，很多人不知道房子要買哪裏？我常說，誰會幫忙帶小孩，就買那裏，假設岳母會幫忙帶小孩，那就買靠近岳母家的房子，也許省下的褓姆錢就可以繳房貸，更何況，常常回家帶小孩免不了回家吃一頓飯，這樣也可以省下不少飯錢。

我的朋友因為考慮房價，買在林口，原本都有很好的保母協助，後來保母發生車禍，一連三個月不能照顧孩子，這時候，家人又都在台北市，於是他每天都要花六百元的計程車錢帶孩子去爺爺家托嬰，長期下來，光是車資就吃不消。

除了房子要慎選之外，房貸更要精挑細選，目前物價上漲，房價也漲，新婚夫妻要購屋，壓力可說越來越沈重，買屋購屋絕對要量力而為，尤其挑對房貸更是重要。

房貸不是最低就好，如果兩家銀行，一家低一點點，但是給你貸款的額度不足，不如選擇額度高一點點，但是可貸金額也多的銀行，其次，透過個人的薪資往來戶來進行房貸的協談，更容易達到理想的房貸利率，銀行通常都會相信你會還得起貸款，條件也會比較好。

如果你是以月收入作為還款來源者，可選擇定儲利率指數房貸，而銀行所提供的定儲房貸，會以個人職業的穩定性高低訂定不同貸款條件，借款人可依個人的情況替自己爭取較優的條件。

有一種理財型房貸，則適合積極理財型的人，可活化固定資產的資金，尋求報酬率高的投資機會，如果你能夠以負債再創造出財富，就可以更快速累積個人淨資產。

此外，有也結合上述二種類型的房貸，亦即結合房貸及循環額度，部份攤還的本金可轉為隨時動用的額度，消費者可同時兼顧二樣資金需求。

所謂「貨比三家不吃虧」，購屋除了多看、慎選房屋外，挑選房貸也是一樣，最好能先經過試算，尤其金融機構競爭非常激烈，消費者在選擇房貸時，應多比較各銀行的貸款條件，例如可貸成數、利率、有無收取帳戶管理費或違約金等。

當然，對於購屋所需的長期資金，除了銀行的一般房貸外，政府提供多種優惠房貸，消費者則可以享受二十年，甚至三十年的低利房貸，政府政策性房貸主要有央行優惠專案貸款、勞工購建及修繕貸款、青年購屋低利貸款等，政策性房貸訂有借款金額上限，借款金額超過上限者可搭配銀行的一般房貸。

很多精明的女性不管是上市場買菜或是上百貨公司買衣服，總是為了

五十、一百元在斤斤計較，但是房貸動輒數百萬元，卻沒有仔細的比價，也沒有發揮討價還價的本領，那就需要好好加油囉！

Tips

・除了房子要慎選之外，房貸更要精挑細選，多比幾家不吃虧！

小錢變大錢

想一想，算一算

- 為何不要輕忽小錢的威力？
- 三年如何存到一百萬？

很多人花錢的原因是因為：小錢嘛，不必計較！還有會闊氣的說「只要錢能擺平的事，都好辦！」不過大都忽略了，小錢變大錢的必要性！

不要輕忽小錢的威力！

每天存10元×365天＝3,650（買300萬意外險就夠了）

每天存100元×365天＝36,500（每月3000定時定額的錢就有了）

每天存1000元×365天＝365,000（人生第一桶金！）

有人是花了小錢，感受不到難過，我卻算過，一個人一天喝一杯一百〇五元的拿鐵，以五％的複利計算，一生（以五十年來算），你總共喝掉八百四十二萬元，誰說小錢的威力不可怕！

如果你每個月省下一雙鞋子的錢，大約三千元來做投資，找到十%的工具，五年之後，你就會有二十一萬，十年會有五十七萬元，三十年會有五百九十二萬元。

省下一個包包五千元，拿去做投資，你就會發現十年，你就有機會變成百萬富婆，當然省下一件衣服一萬元，你再三十年之後會有將近二千萬元的財富，你覺得，是不是在變魔術呢？

其實，理財，沒有魔法，但是有方法！

三年內存得到一百萬元嗎？每個月存二萬元，找到報酬率二十%的工具，三年就會美夢成真！

五萬變一千二百八十萬元！在孩子十五歲的那一天，幫她準備五萬元，然後每年找到十五%報酬率的工具，這樣，三十七年後，孩子會擁有一千二百八十萬元！

一百萬變三千萬！想要三千萬元退休？過著舒適的日子？那你就要在二十二

年前開始學會投資，因為二十二年前的一百萬元，透過投資工具的協助，就可以變出三千萬元！

如何省小錢？

常常在家裡吃飯
不抽煙 不喝昂貴的咖啡
買廉價的中古車
用折價券
利用網路買壽險 基金
盡量維持婚姻 贍養費很貴
注意健康
降低長途電話費用
買重大商品先比價

投資要即知即行

「今天」的一塊錢比「未來」的一塊錢有價值，因為「今天」的一塊錢可透過做存款或投資其他理財工具的方式產生收益。

例如：投資年報酬率五%的商品，

一年後本利可取回

NT$1×（1+5%）＝NT$1.05

二年後本利可取回

NT $1×（1+5%）×（1＋5%）＝NT$1.1025

例如：本金一百萬投資年報酬率十%的商品需要幾年就能賺另一個一百萬？

72/10＝7.2年（所謂的七二法則）

Tips

- 三年存到一百萬，五萬變一千二百八十萬，靠的就是投資的魔法！
- 所謂「七二法則」就是將七十二除以你所要追求的報酬率，除出來的商數會是你投資金額加倍的年數。例如投資金額為十萬元，設定報酬率為十二，那麼六年過後我的十萬元會變成二十萬元，也就是72÷12＝6。

幫你賺錢的信用卡

想一想，算一算

- 哪些費用拿信用卡刷卡繳費最划算？
- 信用卡延遲支付的期限要怎樣計算？
- 該如何利用信用卡的「關帳日」和「繳款截止日」，賺到利息錢？

信用卡的好處除了先享受後付款外，還有一個更大的優惠，就是節省利息錢。

如果你仔細算一算，就會發現，拿信用卡來買基金或買保險，至少就可以省下四十八天以上的利息。

一般人在使用信用卡付款時，首先要認識兩個日期：一個是「關帳日」，另一個是「繳款截止日」。所謂「關帳日」，就是發卡銀行計算當期信用卡應繳金額的最後一天，「繳款截止日」是民眾付信用卡卡款的最後一天；一般來說，如果過了繳款截止日，民眾所欠的卡款，扣除最低應繳金額，剩下的金額就必須納入高達二十％的循環信用額度來計息。

信用卡發卡銀行基於統計帳款、郵寄帳單等內部作業考量，「關帳日」與「繳款截止日」之間，通常會間隔十五到十八天，所以如果民眾算得精一點，善用信用卡遞延支付，比起用活儲帳戶直接扣款，可以省下至少四十八天以上的利息。

舉例來說，假設信用卡「關帳日」是每個月的五日、「繳款截止日」是二十三日，而民眾買基金的扣款日一般都是在五日或在六日。那麼，如果基金扣款日正好是信用卡「關帳日」，這筆金額就會在二十三日的「繳款截止日」支付，中間間隔了十八天。假使基金是在六日扣款，因為已經過了「關帳日」，這筆金額還可以延到下個月的二十三日才需要付款，以大月有三十一天計算，中間間隔長達四十八天。

現行制度下，民眾用信用卡買共同基金，不論單筆申購或定期定額，都必須在繳款截止日前繳納，無法納入循環信用額度來支付；可是，買保險就沒有這個限制，只要保險公司願意，不論躉繳、月繳、季繳或年繳，都可用信用卡付保費，同時也可以納入循環信用額度。

由於信用卡有遞延支付的好處，加上現在是「一人多卡」的時代，所以只要妥善運用「繳款截止日」，搭配使用手上每張信用卡的最長遞延支付期限，以手上有三張卡為例，就可以創造一百多天的省息成效。

你也可以這樣做

以甲、乙、丙三張信用卡，「結帳日」分別為每個月一日、十一日、二十一日為例，於是可安排二日到十一日都刷甲卡、十二日到二十一日都刷乙卡、二十二日到隔月一日都刷丙卡，就可跳過關帳日，延長支付期限。所以只要問清楚每家發卡行的「結帳日」與「繳款截止日」一共間隔多少天，算好日期後，打電話到客服中心要求更改「繳款截止日」，即可體驗賺銀行錢的美妙滋味。

冷眼看刷卡賺錢

前陣子，大家都有一個共同的話題，討論刷卡賺錢的案例。我請大家要冷靜，還要冷眼看待這件事，畢竟這個學習的門檻很高，而且以我個人來說，並不推薦這樣的賺錢方式。

報刊報導說，有一位台東市民楊蕙如每月刷卡近千萬元，但她不是敗金女，而是巧妙運用信用卡紅利點數及電視購物優惠，從中套利，近三個月來已賺進上百萬元。

這位二十七歲的女孩，九三年八、九月從澳洲昆士蘭大學攻讀企管碩士學位返國，未就業前賦閒在家，上網時意外發現在家刷卡也能賺錢的方法。

她的方法是利用東森購物台開放白金會員可以用信用卡購買「東森禮券」，預付一萬九千元可購買兩萬元的禮券，如果禮券一年到期未使用，可以選擇兌換兩萬元支票，或換兩萬元等值提貨券，再加上四千元購物折價券。她算一算，光是一年後換回支票的獲利率，即高達百分之五點六，比銀行定存還高。

這很像債券的概念，也很具備投資的誘因，她的故事還不只這樣，由於中國信託客戶只要每月預付八百元會費，即可享有刷卡消費紅利點數八倍送的優惠，外加千分之二的電信回饋金，所以她在九三年十月即預付一年九千六百元的月費，並與中信簽了一年合約，隨後開戶，向親友集資六百萬元存入戶頭，做為提高個人信用額度及擔保，之後就透過網路刷卡，一口氣購買東森禮券六百萬元。

她的紅利點數就有一百六十萬點，她透過來回操作方式，在國內拍賣網站上把東森禮券轉賣給親友，親友再公開拍賣，她再設法買回，但因為是公開拍賣，部分禮券被其他買家買走了；如此紅利點數迅速累計，一度高達八百餘萬點。

接下來，她以每三十二萬點紅利兌換一張免費的長榮美國航線頭等艙機票，再把換來的二十張免費機票，在網站上以每張四萬五千元轉賣。此外，中國信託開放客戶彼此轉讓紅利點數，她便在網路上以一千點折讓三百元現金。

就這樣，東森禮券一年後兌換現金支票的獲利、加上廿張免費機票網拍獲利九十萬元，及紅利點數轉讓，以及千分之二電信回饋金，光刷卡獲利就高達百分之廿一以上，已獲利也高達一百多萬元。

看到這則報導的金融界人士、法界人士，都認為楊蕙如絕頂聰明，即使是我也沒有想過這樣的賺錢方式，但是你想過其中的難度沒有？首先，你要跟親朋好友週轉資金，在民間社會，集資五、六百萬元，並不容易，要不要付利息？要不要負擔相關的成本？不然誰會把錢匯到你的戶頭？

要像楊蕙如一樣，頭腦冷靜，又可以順利集資，還會利用網路拍賣，並且累積紅利點數等等，需要花很大的工夫。很多人只看到她的成功，可是假設購買的商品不容易拍賣，或是購買商品發生問題，導致資金擠壓，該如何解決？所以如果沒有十足的把握，風險會很大。

中天電視台還報導另一位持有二十五張信用卡的人，電視台稱他是信用卡達人，不過我看這篇報導簡直是誤導。

首先，持有加油卡的確是可以省下油錢，至於現金回饋也是刷得多才回饋得多，刷兩萬，回饋二百元，還不如少刷二百元來得實際。至於持有飯店的貴賓卡，也只能算是消費，因為就算兩人同行、一人免費，重點在於，你必須花辦卡錢，這還是消費，不是資產，因為就算送你一晚八千元的免費住房，不等於你「賺了」八千元。

我希望跟大家分享一句話：當我們迎向陽光的時候，不要忘記備後的陰影。看到別人賺錢都很容易，卻忽略別人的好運不見得會複製在我們的身上。真心希望大家腳踏實地的研究投資致富的管道，至於太奇特的方式並不適合大家，尤其是媒體具有示範作用，千萬不要再做誤導才好。

Tips

- 牢記你的信用卡「關帳日」和「繳款截止日」，就可輕鬆省下利息錢。
- 手上若有三張信用卡，就可創造一百多天的省息成效。

刷卡A好康

想一想，算一算

- 辦卡除了有贈品外，還有什麼「真正」的好處和用途？
- 現金回饋＞紅利積點＞贈品，你的信用卡是哪一種？
- 紅利積點怎樣用最划算？
- 如何挑選服務品質佳的發卡銀行？

現代人很難避免刷卡消費，其中還有一項很大的誘因，就是刷卡換紅利。基本上每家發卡銀行都會推出相關的贈品，包括開卡送贈品、刷卡會送贈品，累積到一定點數還會送贈品，但是大家真的要好好想想看：贈品是否真是需要的？還是換了都堆在倉庫裡？

基本上都市人家的居住面積都不大，常常還要傷腦筋贈品要放哪裡？尤其住家通常一坪房子動輒幾十萬元，結果堆了一些不值錢的贈品，更是不智；其實現在發卡銀行送的贈品，幾乎都在中國大陸代工，品質難免有疑慮；因此有現金回饋的，或是「紅利點數」來使用，我覺得是比較划算的，特別是去年我去了一趟法國，就是用點數換里程，直接升等機位，真是划算。

很多人跟我一樣，紅利積點常常過期不換，或是根本找不到喜歡的東西可換，就被信用卡公司一筆勾銷，我的台新卡就是這樣，每年被歸零了所有的點數，十分可惜，所以現在信用卡陸續推出具有現金回饋功能的信用卡，我覺得這樣相當划算。現金回饋的好處在於，卡友不必計算每筆消費可以累積多少紅利點數？可以換什麼贈品？而是可以立即獲得實質回饋。

但是，面對琳瑯滿目的現金回饋卡，該選擇哪一張才是最聰明的？

現在信用卡市場主要的現金回饋卡有：聯邦銀行「投資型白金卡」、中國信託「中華電信 call call 卡」、花旗銀行「白金卡」以及國泰世華銀行「W@CARD卡」；除聯邦銀行外，其餘不收年費，但是聯邦銀行指出，雖然「投資型白金卡」每年要收取五千元年費，但是每月卡友可獲得五百元的年費回饋金，也就是卡友一年有六千元的回饋金，其投資報酬率高達二十%，等於還倒賺一千元；除外，還同時享有無門檻限制（不限地點、不限金額、不限時間）的刷卡消費一%現金回饋，並且在次月帳單就可以立即折抵消費。

call call卡是不論消費項目一律回饋〇．二％，於每年一月及七月定期回饋給持卡人，但僅能用來折抵電信費用之「電信酬賓基金」；花旗白金卡則是依消費金額作為回饋基準，如果是三萬九千九百九十八元以下，回饋〇．三％；國泰世華「W@CARD卡」的回饋項目則分為：加油現金回饋，最高可享〇．三％（上限三百元）、手機通話費現金回饋，最高可享〇．三％（上限三百元），以及預借現金現金回饋，最高可享〇．三％（上限三千元），不過，所有回饋金必須是該卡於次年仍為有效卡時才可以享有。

其實大多數銀行均採取級距式現金回饋方式，不過其中卻也包含了許多陷阱，首先是限制消費地點或回饋項目，如國泰世華卡則限制在加油站加油或是以電信費用為主，但是一般消費者每人每月消費額約在五千元至一萬元上下，即使以二％的回饋比例計算，每月最多僅二百元左右，就算大筆的刷卡金額所可享有的現金回饋，可能也只有〇．三％；其次，限制活動時間、刷卡次數、回饋金額的上限等方式，全是為了降低銀行的支出成本，所以卡友真正能夠享有高回饋比例的，只有剛成為新卡友時的蜜月期。

因此持卡人必須清楚，白金卡並非選擇現金回饋比例越高，所能得到的回饋金就越高，而是必須選擇一張「真正不限地點、不限金額、不限時間」的現金回饋的白金卡。

至於紅利點數幾乎等同現金，卡友喜歡到屈臣氏、錢櫃、中油、寶島眼鏡，還是HANG TEN，哪些地點你自己決定，發卡公司給你點數，你自己決定怎麼去運用，比較可以隨時使用。

其次，紅利點數比較沒有品質的問題，到屈臣氏就是看中屈臣氏的化妝品才去買，用點數去折抵消費款；到中油就是要去加油，加完油再用點數去折抵消費款；到錢櫃唱歌，本來應該付三千塊，因為點數只要付兩千五百元。因此，用點數折抵消費款，就不會有品質上的問題。

很多人都會刷信用卡來換贈品，但是不會精打細算，心裡想反正是多的，也不計較。如果你把刷卡金額換算點數，就會發現，竟然會花二十萬元換一組茶杯，或是花個三十萬元換一個雜誌架。要換什麼最划算，其實見仁見智，有需要的時候，換到就是賺到，不過進入暑假旅遊旺季時，這時候，換飛機的累積里程數最划算！

以我的旅遊經驗來說，飛往巴黎的商務艙，票面價十萬元，的確不便宜，經濟艙票價不到三萬元，但是要擠上十三個小時，也夠累的。於是我就曾經利用信用卡的點數換了兩千里的里程，於是可以用經濟艙的價位升等為豪華經濟艙，比經濟艙多了十公分、多了電視螢幕，還多了一個高級冰淇淋，很過癮。而且，我把省下商務艙的錢，問心無愧地買下夢想中的包包，真可以說是一舉多得！

對於刷卡大戶而言，汽車、液晶電視、音響等商品已經不具吸引力。在國外，信用卡公司為了滿足大戶的脾胃，還花盡心思提出太空漫步、橫越冰原、熱氣球之旅，甚至有信用卡公司強調只要內容合法，都可以成為兌換項目。

其實最近很多信用卡公司都以兌換品為推卡號召，例如美國運通公司最近在美國推出三種太空體驗作為積分兌換獎項，如果以一美元消費累積一積點，累積一百萬點就可以兌換無重力飛行，也就是搭乘用來訓練太空人的特殊噴射機，體驗零重力飛行；三百萬點可搭乘超音速噴射客機，以高達音速二・五倍的速度，前往八萬英呎高空，觀賞地球弧線以及黑暗太空。若是達兩千萬點，就可以選擇次軌道飛行，也就是搭乘次軌道太空船，前往海拔六十二英里高的高空，在太空船外體驗數分鐘的無重力太空漫步，並從太空欣賞地球。所以，如果有刷卡大戶用刷卡繳稅，就有機會擁有太空之旅。

當然，現階段國內信用卡公司刷卡兌換獎項也不斷推陳出新，例如中國信託推出「直昇機空中導覽之旅」，只要二百〇五萬點（以每三十元一點計算，須刷卡達六千一百五十萬元），即可搭乘直昇機俯瞰台灣的美麗山水，體驗終身難忘的旅程。大來卡可以兌換訂做的Tiffany婚戒、羅馬的烹飪學校課程、非洲狩獵之旅；花旗銀行讓客戶可以與海豚一起游泳。不過，如果我們的錢還不夠去成就這些夢想，那就實際一點，先換里程吧！

市場上現有的航空聯名卡包括：富邦的長榮聯名卡、誠泰的日亞航聯名卡等，消費金額每二十五至五十元不等，可兌換一里程；不過這些航空聯名卡的「飛行」優惠設定很明確，持卡人無法將消費轉換為紅利，僅能使用於特定航空、航線的里程兌換；中信、富邦另外有推出「亞洲萬里通」的合作模式，持卡人可選擇將信用卡紅利積點轉換成一般禮品，或轉換為里程數，紅利積點的使用範圍就比較有彈性。

當然，不是每家信用卡公司的兌換都很優惠，有的信用卡公司六點可以換一里程，有的是二點就可以換。所以現在我再也不刷六點才能兌換的那一家，覺得太吃虧了，尤其每年寒暑假我都想出去玩，更需要多累積里程數。

至於國內信用卡種類不勝枚舉，大家要如何挑選？又要如何「同中求異」？基本上，愛刷卡的人，一定要有一張現金回饋的卡片，接下來就要挑家發卡機構的服務品質是否可滿足需求，比如說，很多發卡行都說有二十四小時全年無休的客戶服務，但是大家可以去體驗看看，當你打電話進去、想要跟專人接觸時，有的是要你等上五分鐘，有的是三十秒就有人跟你溝通了；這就是評斷的標準。

現在有很多銀行為了降低經營成本，都用IVR（語音服務），鼓勵你不要跟客服人員直接對談。若想要跟客服專員溝通，就須通過很多關卡，讓你等上五到十分鐘。因此，哪些銀行貼心或不貼心，你自己就可以去體會。

Tips

・現金回饋＞紅利積點＞贈品，把握這個原則，慎選你的信用卡回饋。

・白金卡並非選擇現金回饋比例越高，所能得到的回饋金就越高，而是必須選擇一張「真正不限地點、不限金額、不限時間」的現金回饋的白金卡。

回饋多多的聯名信用卡

想一想，算一算

- 琳瑯滿目的聯名卡該怎麼選？
- 哪些日常消費適合用信用卡繳納？

大多數的人選擇任何金融商品，都是希望可以聰明理財，其實如果善加利用信用卡，就是一個相當好的理財工具。

為什麼呢？第一、因為刷卡消費的金額最久可以延遲四十五天才付款，等於讓你無息借貸；第二、一些銀行信用卡會和許多生活息息相關的機構聯名發卡，提供許多生活上的優惠。

電影票買一送一超划算

目前，國內就有不少聯名卡有特殊的優惠，例如年輕朋友常跟我推薦匯豐銀行的信用卡，一問之下才知道，原來是平日（一到四）去威秀影城看電影，電影票買一送一，以一張原價二八五來算，優惠後只要一四二元，而且平日看電影還不用忍受假日的人擠人。有類似買一送一優惠的還有花旗透明卡及富邦A Pass卡，讓許多人也試著改在平日看電影，想不到一張信用卡居然可以改變大眾的娛樂習慣。另外幾乎每一家影城都有跟信用卡銀行合作，只要是刷聯名卡就會便宜許多，所以選定一家你最常光顧的電影院辦張聯名卡，一定比付現便宜許多，這也是電影票高漲之下的因應之策。

◎簡介三張台北市電影票買一送一的信用卡

信用卡	配合影城	主要優惠
匯豐銀行信用卡	威秀影城	平日　買一送一 假日83折（限4張／2次） 熱狗＋中可＋爆米花　特價100 平日　週1~4/中午前早場價優惠 期限 2007/3/31
花旗透明卡	喜滿客京華影城	平日 300元2張票加贈 加贈2杯小可＋小爆米花 期限 2006/12/31
	新光影城	平日 280/2張（限2張） 假日 200（限4張） 餐飲、飲料、爆米花單品8折 期限 2006/12/31
台北富邦 a pass	喜滿客京華影城	每日 3人同行1人免費（限1組）） 期限 2007/7/31
	日新、樂聲 欣欣晶華	每日 2人同行1人免費 期限 2007/1/31

大賣場聯名卡，買菜有機會省一成

逛大賣場，已經變成很多人假日的休閒活動，量販店由於大量進貨，各家競相標榜「always low price」，是消費者省荷包的最佳管道，但是若懂得善用量販店聯名卡，就有機會再省一成。

「上什麼賣場、用什麼卡」則是省錢購物的第一步，因為這張「聯名卡」結合銀行、量販店給予的資源，絕對比一般的信用卡福利更佳。例如，聯名卡對店內消費的紅利點數或分期優惠門檻就比較優渥。台灣信用卡市場發展已相當成熟，國內知名的量販店、超市等，包括大潤發、家樂福、好市多、松青、頂好等，都與銀行合作推出各自的聯名卡，消費者的選擇相當多元化。

雖然卡友的選擇變多，但發現福利更棒的聯名卡，在申請前還是得三思才行，不要為了一時的卡友特價，卻得開大老遠的車才能到達，這在油價上漲的年代，可不見得最划算。

量販店、超市聯名卡優惠一覽表

聯名卡	銀行	紅利點數	折抵現金	分期優惠
COSTCO好市多	中國信託	每150元累計COSTCO金幣2元，店外消費每150元累計金幣1元。	金幣可於每年9、10月COSTCO賣場折抵刷卡金與COSTCO會員年費，每100元金幣可折抵100元消費	無
大潤發	華僑銀行	會員制，每消費100元1點，聯名卡友2倍送	會員每1點可於自行設定商品兌換現金0.5元，最高折抵以10%為限；聯名卡店外刷卡，依金額從0.3～1.3%不等	500元以上即可享3期零利率，最高分36期
家樂福	聯邦銀行	每1元2點，店外消費每1元兌換1.2點	300點折抵1元，限店內消費	1,500元即可享3期零利率，最高分36期
松青	兆豐國際商銀	店內消費滿100元1點，累計點數兌換贈品或禮券	店內折抵0.5%，店外折抵0.2%	無
頂好	上海商銀	無	一律現金折抵0.5%，累計下個月結算	無

資料來源：由smart智富月刊提供

刷卡繳保費，折扣最高可達二％

台灣平均每人擁有一點七五張保單，年繳保費突破一兆四千多億元，有投保的家庭，每年繳納保費少則數萬元、多則數十萬元，這筆為數不小的必須開支，有沒有更精省的方法呢？答案當然有，最立即見效的方式，就是辦張保險公司的聯名信用卡，取代現金繳納或帳戶自動扣款，馬上就可省下一％以上的保費支出。例如，國泰人壽保戶，使用國泰世華銀行的信用卡，才享有保費一％的折扣，使用其他銀行的信用卡雖然也可以繳費，但可能沒有保費折抵優惠。

一般信用卡消費，現金折抵通常最多只有千分之五的折扣，為什麼繳保費的折扣竟能高達一％以上呢？銀行主管分析，保戶刷卡繳保費，讓保險公司省去派員收費的成本，並提高保單續保率；如果保險公司與該銀行又是屬於同一家金控，旗下子公司跨售合作，自然能將刷卡手續費的收入，直接回饋給保戶。

目前，保費折扣最高的信用卡，就屬於台北富邦銀行A money白金卡，只要繳納的保費在五萬元以上，折扣比例高達二％，等於年保費十萬元，只要繳九萬

信用卡繳保費折扣好康比較表

發卡行	保險公司	保費折扣	紅利積點	其他優惠
國泰世華「國泰人壽聯名卡」	國泰人壽	1%（特定商品）	20元1點	1.白金卡可再享0.3%現金回饋 2.國泰醫院掛號費20元優惠 3.國泰醫院病房升等差額85折 4.白金卡享全日型健檢7折 5.一般健檢85折及整型美容療程（限國泰醫院醫院） 6.中正機場國壽櫃台購買旅行平安險95折
安信信用卡「ING安泰．安信e卡」（簡稱ING獅子卡）	ING安泰人壽	1%（投資型保單除外）	30元1點	1.累積紅利點數可以每1,000點兌換80元刷卡金，年累計兌換上限8,000元。 2.年底前代繳ING新保單首期保費，可以參加抽獎，有機會獲得3%保費回饋及免繳保費優惠。
AIG友邦「AIG保富卡」「AIG南山人壽VISA白金卡」	南山人壽	1%（特定商品）	10元1點	紅利點數折抵保費，每年最多20萬點。 金卡每年最高折抵5,000元，白金卡每年最高可達1萬元。 一般卡/金卡1萬點紅利可折抵保費250元；白金卡2,000點可折抵保費100元。
台新銀行「新光人壽信用卡」	新光人壽	1%	20元1點	
萬泰銀行「新光健康平安卡」		1%（特定商品）	30元1點	1.新光醫院掛號費每次優惠20元。 2.住院病房差額、一日健檢、PET健檢（優待正子斷層照影檢查之5萬元部分）享85折優惠。 3.雷射近視手術PRK/LASLK特價優惠（不含前導波）。
台北富邦（限A money白金卡）	不限保險公司	保費5萬元以下現金1%折扣；5萬元以上2%折扣	無點數回饋	繳納富邦人壽保費，另享1%折扣（限定特定險種）

資料來源：由smart智富月刊提供

八千元的保費，回饋金高達兩千元，不過，無法集紅利點數，也沒有其他醫療方面等優惠。

Tips

‧除了電影票、大賣場及保費，加油站、機票及電話帳單都有配合的聯名卡，找出日常生活中佔最大部分的花費，將可讓你賺到許多額外的福利！

買對基金賺大錢

想一想，算一算

- 什麼樣的基金可以買？
- 買基金的方法有哪些？
- 申購基金需要哪些費用？
- 想轉換基金要怎麼做便利又划算？

投資基金是我長期推薦的理財商品，因為方便，被很多人稱為懶人投資術或是傻瓜投資術。基本上，選擇適合自己投資報酬率的基金是很重要，接下來就是哪兒便利、便宜、有好康的，就是很好的選擇依據。此外，利用網路申購方式，堪稱便捷也更有效率，同時還可以享受網路上的附加價值。

買基金有幾個大原則：第一次買基金，買海外基金比較恰當，例如全球型股票基金，因為一方面培養國際觀，一方面也不容易有大幅的波動，如果有五千元或是一萬元，就可以買股債各半的基金，或是平衡式基金。另外兩個原則是，距離目標年限越近，要買波動風險比較低的，因為隨時要用錢的時候，才不會因為波動太大，不願意贖回。當然距離目標年限越長的，則越適合買高波動的風險基金。

在精打細算的考慮下，很多人都會想到手續費的問題，當然投資成本必須考量。

這也是一些基金投資新手想要問的：買基金到底需要支付哪些費用呢？一般來說，不論是海外共同基金或是國內共同基金基本，都需要負擔「申購時的手續費」以及「基金的信託保管費用」。

「申購手續費」是投資人在申購一檔基金時，除了投資金額以外，必須再額外付給銀行一筆手續費用。基本上，投資海外股票型基金的手續費約為投資金額的二・五%～三%，海外債券型基金的手續費則為一%～一・五%。

至於國內型基金：股票型基金的手續費約為一・五%，債券型基金約為〇・五%，當然，各公司所訂定的收費標準略有不同。一般來說，手續費都是採外加方式，例如投資金額為新台幣一萬元，投資人申購時除了要付一萬元的投資金額外，還要再多付一筆手續費；之後若再加碼投資，就必須再付手續費。

至於「信託保管費」，因為基金投資是透過銀行指定用途業務辦理，所以投資人還必須付給銀行基金的信託保管費用。一般來說，有些銀行在基金申購第一年就會收取保管費，有些銀行則是從第二年才開始收取。

銀行每年都會收取基金的信託保管費（例如：有些銀行每年收取投資金額〇・二％的保管費），這筆費用通常都是民眾贖回基金時，從基金淨值扣除，不是採外加收費方式；如果投資人持有基金不滿一年，銀行該年的保管費用則會以持有的天數來計算。

因為信託保管費用大多直接從基金淨值上扣除，所以投資人根本不會知道，而手續費是外收的，大家才比較懂得斤斤計較。

過去投資人買基金，多是直接向投信公司、代銷機構等購買，而對大戶或法人，甚至有專人到府服務的作法，但是一般散戶，還是得以銀行臨櫃申購的方式買基金，除了不方便外，還要算上包括交易手續費，還有往來時間及交通成本等，怎麼算都先小虧一些。

現階段，隨著網際網路的普及，e化時代的來臨，「網路申購」一方面省時省事，另一方面，由於網路交易的成本低，對於一般交易金額不大的投資人來說，更是一項經濟實惠的選擇。

現在有很多銀行針對網路申購基金，推出各種優惠措施，加上銀行擁有通路的優勢與便利性，只要是有投資人想要買的基金，銀行都可以滿足投資人「一次購足」的服務。

投資人在申請網路銀行基金網路交易後，隨時隨地都可以投資申購，真是再方便也不過了！當你在網路上交易完成，便可以立刻得知交易狀況，而且也可以隨時上網立即得知自己的投資項目及損益，便於投資人設定獲利及停損點，而不必每個月辛苦的等待對帳單又擔心郵件誤投而無法收取，並且具有隱密性高等優勢。

另外，市場行情變化迅速，許多投資人常常為了因應市場都會進行基金間的轉換。所謂基金轉換，就是將原有基金轉換到同家基金公司的其他基金，也就是賣出現有基金，以該筆買回的款項去申購該公司的其他基金。只要透過一個指令，就可以在最短時間內完成先贖回、再申購的整個交易。

但是一賣一買之間，卻讓投資人損失手續費和申購費。

所以，善用網路交易的基金轉換功能，不論是股票型基金互轉、股票型基金轉到債券型基金，或把債券型基金轉到股票型基金，轉換的手續費都比分次贖回再申購更優惠。

現在的投資人越來越精打細算，會善用各項資源讓自己的投資成本降到最低，所以銀行推出這項讓投資人透過網路銀行就可以順利進行基金轉換的功能後，的確受到客戶們的好評和青睞。

至於網路申購的手續費有比較划算嗎?

一般來說，每家投信和銀行對於客戶申購基金所收取的手續費約一·五％不等，但是透過網路銀行進行網路交易做基金轉換的手續費則約〇·九％；投信更便宜，約為〇·六％，雖然各家收費不一，但是能省則省，尤其如果單筆申購的金額大時，可以省下的費用也就不少。

另外，投資人假如準備獲利了結手上的股票型基金，而眼前又沒有資金上的使用需求，與其將錢放在銀行存款，不如把手上的股票型基金轉換到固定收益工具，如債券型基金或貨幣市場基金，不僅可以持續賺取固定收益，也可以讓資金的運用更為靈活。

最近有些基金公司打出零手續費的訊息，很多人都問我這樣到底划不划算？有沒有撈到好處？無可否認，零手續費將是一個成熟共同基金業界發展中自然演進的過程，可以讓投資人有多樣的選擇自由，也可以由投資人自行決定是否需要透過理財顧問來達到理財目標。不過，最重要的是，你所選擇購買的基金，能不能可以交出好成績？能不能幫你賺錢？

其實零手續費基金會在市場上風行，最主要的關鍵就是不少投資人可以自行研究、分析共同基金投資風向，因此，不必向傳統基金行銷通路，包括理財專員、銀行申購，由理財顧問提供投資諮詢與分析，而是自行從網路、基金平台購買，自然可以省下手續費。

講了這麼多，如果你還想問我到底零手續費基金好不好？我會這麼回答：「投資基金的重點是績效，而不是些微的好處，只要能夠幫我賺錢，再高的手續費也值得。」

這樣，你想通了嗎？

Tips

• 第一次買基金，買海外基金比較恰當，例如全球型股票基金，因為一方面培養國際觀，一方面也不容易有大幅的波動。

• 申請網路銀行基金網路交易好處多多，除了可以隨時隨地都投資申購，也可以隨時上網立即得知自己的投資項目及損益，便於投資人設定獲利及停損點，而不必每個月辛苦的等待對帳單，並且具有隱密性高等優勢。

儲蓄險不見得聰明

想一想，算一算

- 買儲蓄險到底好不好？
- 儲蓄險的投資報酬率有多高？
- 什麼樣的人適合買儲蓄險？

最近我跟朋友燕俐兩個人討論，發現我們都不喜歡買儲蓄險，因為擔心通貨膨脹，即使二十年之後，領到一百萬元，可能只有當時的十萬元價值，實在不夠划算。

這麼說，很多人可能會誤解，以為我反對儲蓄險，其實我要說的是：只有不適合你的保險，沒有不能買的保險。所以，買保險之前，一定要想清楚。

我還是要再強調，保險畢竟不是投資，所以必須在本身的保障足夠之餘，再去做保險理財的規劃，才不失保險的本意。特別是如果自己不是保守型的人，就更要有危機意識。以儲蓄險來說，也許看起來是有存到錢，不過如果忽略通貨膨脹的威力，就像十年前一碗牛肉麵五十元，現在五十元只能喝湯麵，那你想想看，再過十年，五十元可能就只能吃到一個牛肉餡餅，這是錢變薄的事實，也是通貨膨脹的恐怖。

「李媽媽，幫你們家小威買個保險，每個月只要繳約五千二百八十五元，小孩滿十八歲之後，每年都可以領回十萬元，到了二十四歲還可以領四十萬元，總共可以領一百萬元喔！」一百萬，聽起來還真不錯！可是，偷偷告訴你，其實選擇定存，存個十八年，也會有一百萬元，何況一百萬元在十八年後，隨著時空轉換、物價波動，還價值多少？所以，當家長幫小孩買保險前必須特別考量這些重點，千萬不要陷入整數的迷思中！

「講一筆整數是儲蓄險最大的賣點，尤其是每月繳交的金額不高，所以很多人會在衝動之下，就簽字買保險了！對於平常賺多少花多少的人來說，儲蓄險商品是一種「傻瓜存錢術」，透過保險的形式把錢存下來，總比不知不覺間花掉好，這就是我說，商品本身沒有好壞，端看適合哪一種人。

如果是對於比較精打細算，並且善於理財的投資人來說，每月繳交五千二百八十五元，十八年就繳了一百一十四萬一千五百六十元，盡管期滿可以領回一百萬元。但是同樣用這筆錢，去做充分的理財規劃，投資報酬率不一定比較差，甚至可能早已超過百萬元了。

所以，你在選擇儲蓄險的同時，千萬不要只想到一個看似龐大的數字，例如一百萬元或是五百萬元，就興奮不已，還是要靜下來仔細評估，自己有沒有其他的理財方式，以及能否優於購買儲蓄險，才能避免掉入整數的誘惑。

近年來，國人平均保額逐年創下新低。相對的，儲蓄型保險的買氣卻仍然強勁，主要就是因為市場上還是有一群龐大的保守投資人，他們不喜歡做高風險的投資，死守著慢慢繳就能賺的觀念，成為儲蓄險的主力客群。

像過去中華郵政推出六年期吉利保險，主要消費者就有很多是大學生或是家庭主婦，他們都是把平常的儲蓄拿來存養老基金或子女教育基金、旅遊度假基金等，只要六年期滿時就可以領回一筆滿期金，到時作為換屋、買車，或是留學、創業的用途，十分保守、穩健。

多數短年期儲蓄險保單，每年的複利報酬都在定存利率之上，深受不愛高風險投資，又不想把錢存在銀行的保守型投資人的喜愛。前些時候，壽險公會針對男女生買保險做出統計發現，女性天性比較有危機意識，總是在尋求安全感，許多人剛入社會時就會開始買保險，而多數女生仍偏重買儲蓄險。根據壽險公司統計三十五歲以上女性最喜歡的投資標的，以短年期儲蓄保險商品，對她們來說是一種幾乎零風險的最安全投資管道，所帶來的複利報酬也是最具有保障性。

相對來看，男性在出社會工作幾年後，約三十歲左右，開始重視人生的風險規劃，所以平均保額相對比女生高，顯示較多男性著重保險的「保障」功能。

基本上，男性買保險前通常都比較清楚自己所欠缺的部分，也就是保障、節稅等需求，對於保險商品也會事先自行去了解；相較之下，女性就比較容易被業務員左右，尤其對自己的投資理財計畫較不具信心，加上追求穩定、不愛冒險的個性特質，為了規避投資風險，而選擇購買保險商品的需求也就比較高，這也是多數女性偏好醫療險、儲蓄險的主要因素。

我個人比較贊成買保險必須先將基本的保障作為第一考量，首先將本身的壽險、醫療險等基本保障具備之後，再去評估，如果自己是屬於不熟悉、甚至不喜歡其他金融理財商品或是無法嚴格執行定期投資個性的人，就可以考慮把購買儲蓄險作為人生理財的工具；相反的，如果自己願意學習更積極的投資方式，那就不需要把錢放在儲蓄險，坐失更好的獲利機會。

所以保費高、保障低的儲蓄險，確實可以因強迫儲蓄與長期複利，達到理財的目標，但是隨著金融市場活絡，目前已經有許多理財商品可以創造比儲蓄險更高的報酬，讓消費者提早達成存錢目標，在資金運用上也可以更加靈活；所以，大家還是應該依照自己的理財性向，將儲蓄險與一般投資理財商品做比較，來選擇適合自己的理財工具，才是聰明的作法。

想投保？先上網研究一下

很高興目前保險局要求所有壽險公司須在網路建置「保障型專區」，將其公司銷售的純保障型保單及內容公佈在此專區內，一般而言主要是非還本、儲蓄性的定期險及終身險，不但方便民眾去選擇，在投保之前，更是需要先上網了解一下！

想要投保的人可以利用公會的保障需求及退休需求等軟體，先分析自己的保障缺口有多大，再前往保障型專區，了解各家壽險公司提供的保障型保單的種類，看哪一家公司的商品最符合自己的需求，這樣在面對業務員推銷的時候，就不會毫無主見，被牽著鼻子走。

目前這塊專區是以非儲蓄性、還本型的保單為主，多提供最簡單的定期壽險、終身壽險、醫療險、意外險及投資型保單甲型等，可以說是最單純的壽險。

至於想要做保單規劃，一般來說，有一些大原則可以根據以下幾個步驟來進行：

一、剛出社會就業時，可將資金重點放在保費醫療險，其次是較便宜的定期險、意外險等以保障為主的項目。

二、依照人生目標進行保險額度的調整，例如，成家立業後，隨著經濟能力的提升及家庭負擔的加重，保額範圍及金額都需隨之調整。

三、有了孩子後，考慮替孩子單獨購買保單，當然還是以保障型為主，如果經濟不是很寬裕，先不需要考慮購買儲蓄險。

四、保單資料的變更，例如當保單資料上的聯絡方式有所變更時，一定要通知保險公司，以免收不到保單忘記繳費而使自己的權益受損。此外，隨著家庭成員的增減，受益人是否需要做適時的變更，也是必須考慮的。

五、偶而打電話給附近的醫院，詢問單人病房、雙人病房的價差；醫療險的住院日額至少規畫一天一千至兩千元，至於年輕人則需要加強投保意外傷害險。

六、針對定期險部分，很多人在人生邁入另一個重大階段時，例如：就業、結婚、生子、退休等，要維持足夠的保額可能會造成不小的經濟壓力，這時可以採取終身壽險搭配定期險的模式來因應，例如保額一百萬保費一年要三千多元，但定期險大約只要一千多，且以後可以轉換成為終身壽險，即使手頭不是太寬裕，仍可維持家庭足夠的保障。不過，千萬要記住，定期險到期後，就會消失權益，所以聰明的投保人要在定期險到期前，轉換成壽險，不要因此白白浪費之前繳的保費。

七、每年檢視保單，以考慮保障缺口是否完整為優先，每年都必須重新幫自己的保單做健檢，排除重複保障、補足缺口，才能夠讓你的保單建構出滴水不漏的防護網。

八、記住，有了閒錢，再來談投資規畫。

Tips

‧買儲蓄險時要考量時空轉換、物價波動，千萬不要陷入整數的迷思中。

‧如果自己願意學習更積極的投資方式，那就不需要把錢放在儲蓄險，坐失更好的獲利機會。

投資型保單的利與弊

想一想，算一算

- 投資型保單的風險在哪裡？
- 什麼人適合買投資型保單？

常常有人問我「我要買投資型保單嗎？」我都請他們先問自己「我需要買投資型保單嗎？」，前者是人家來推銷，讓你陷入長考，後者則是你自己的評估。

一般來說，不管是電視、報紙或是保險經紀人，都會說投資型保單可以「一兼二顧」，兼顧保障與投資，也有人以子女教育基金、退休金的話題，認為投資型保單是一個絕佳產品，不過很少會提到投資面的風險，這種風險是投資人必須獨立面對的風險。

過去有人說，投資型保單的佣金高，但是我個人認為，以保險動輒服務十幾二十年來說，佣金應該不算高，真正的問題在於，投資人買了投資型保單，所有的投資報酬率卻都是自己負擔，才是「無法承受」的壓力。

既然是投資，就會有風險、有賺賠，賺的時候，大家都高興；賠的時候，問題就來了，是保險公司連結的基金不夠多？績效不好？還是經紀人沒有給好的建議？如果都在賠錢，誰能給你退休金？是保險公司的承諾還是你的保險經紀人？答案是——你自己負責！

更不利的是，萬一當股市不好，股票型、平衡型基金績效都不好的時候，保戶只能抱怨連連，又能如何？

當然，投資型保單並非不能買，我的一位男性朋友，四十出頭，卻沒有保險，如果現在去買一張傳統型的保單，簡單的壽險加上醫療，一年的保費將近十萬元，他經濟上無法負擔，後來，我建議他去買投資型保單，一年繳三萬六千元，有投資，也有兩百萬元的壽險，這就是最好的選擇。

由於投資型保單具備保戶自負盈虧、保險公司資金成本風險小，以及保戶可自由選擇何時繳交保費、自行調整保額高低等優點，今年以來包括保誠、統一安聯、全球、ING安泰等，持續強化投資型保單銷售，不過，國泰人壽卻在法說會上，發表對投資型保單持保留的論調，值得大家來思考。

一般的投資人想要買一種產品的時候，不要先想到好的一面，當然很多保險公司、報章雜誌都要負責任，只說好的一面，不提可能發生的風險，讓大家缺乏風險意識。

如何投資？費用怎麼算？很多買投資型保單的消費者並不清楚，也因此造成和保險公司之間的糾紛，你別以為業務員沒說清楚保險公司就會退你保費，與其和保險公司打一場爭取全額退費的長期抗戰，不如在簽保單之前三思！

投資型保單會退還保費通常有兩種情況，一是經過查證證實業務人員以不實話術承攬保險，且沒有告知保戶費用率、投資比率等相關訊息，二是像一般保單一樣，保戶收到保單後，有十天猶豫期，反悔投保可在十天猶豫期內退保，保險公司會全額退還所繳費用，不過，因為查證需要時間，再加上保戶通常都有簽字，因此「勝訴」的機率並不大。

保險公司更不太可能「全額」退費，通常第一年保險公司所需的保單成本、業務員佣金都在首年度保費中占了很高比重，對消費者來說投資型保單前五、六年解約可以說是最虧的，因此建議不如化被動為主動，在投保的時候多留意相關費用率和投資比率的問題，才是保障自身權益最好的方法！

如果你不確定自己是可以長期繳費不間斷的人，或是不清楚這項商品適不適合你，建議在買投資型保單之初，最好是選擇「保障少一點、投資多一點」的投保策略，比較有利。

假設你買投資型保單，一年預算三萬元，可以選擇第一年計畫保費一萬元做保障，另外兩萬元做投資。

因為投資型保單的費用收取方式有兩種，一是計畫保費的附加費率，從八五％到一〇〇％都有，另外一種是投資保費的附加費用，約五％，如果你要投資三萬，第一年會被收取的費用是九千五百元（一萬元×八五％＋兩萬元×五％），至於另外的兩萬零五百元用來投資，也就是帳戶剩餘價值，假設你第二年不買了，要退費，保險公司就把帳戶剩餘價值給你，比一毛錢都拿不到要好得多。

基本上，這種稱為變額萬能壽險保單（VUL）對壽險公司來講，利潤率高，但是當股市行情走軟，變額萬能壽險的銷售跟著大幅下降，等到股市從冷轉熱，變額萬能壽險保單就要經過相當的陣痛期才會回溫，業界在大肆推廣之下，更需要由教育面著手，讓投資人的風險降至最低，否則未來壽險公司、保戶都將面臨嚴酷的考驗。

Tips

- 既然是投資，就會有風險！
- 如何投資？費用怎麼算？在簽保單之前就要三思！

高寶書版35週年慶，百位名人聯名同賀

2006年，謝謝您與我們一同慶生，許下「出版更多好書」的願望！

卜大中（蘋果日報總主筆）
丁予嘉（富邦金控首席經濟學家）
丁學文（中星資本董事）
王文華（作家）
王承惠（中華民國圖書發行協進會理事長）
王子云（台灣雅芳公司總經理）
王桂良（安法診所院長）
尹乃菁（節目主持人）
方蘭生（文化大學大眾傳播系教授）
平　雲（皇冠文化集團副社長）
江岷欽（台北大學公行系教授）
朱雲鵬（中央大學經濟系教授兼台灣中心主任暨作家）
何飛鵬（城邦出版集團首席執行長）
何　戎（節目主持人）
李家同（暨南大學資訊工程系教授）
李慶安（立法委員）
李永然（永然法律律師事務所律師）
汪用和（年代午報主播）
辛廣偉（中國出版研究所副所長）
周守訓（立法委員）
周行一（政治大學商管學院院長）
周正剛（金石堂圖書股份有限公司董事長）
周　璜（星空傳媒集團台灣分公司總經理）
范致豪（明志科技大學環境安全衛生室主任）
吳嘉璘（資訊傳真董事長）
柯志恩（作家）
林奇芬（smart智富月刊社長）
金玉梅（天下雜誌出版總編輯）
侯文詠（作家）
郎祖筠（春禾劇團團長）
馬英九（台北市長）
連勝文（國民黨中常委）
莫昭平（時報出版公司總經理）
郝譽翔（作家）
袁瓊瓊（作家）
郝明義（大塊文化出版股份有限公司董事長）
郝廣才（格林文化發行人）
夏韻芬（作家）
孫正華（時尚工作者）
秦綾謙（年代新聞主播）
張五岳（淡江大學中國大陸研究所教授）
張天立（博客來網路書店總經理）
張啓楷（節目主持人）
郭台強（中華民國工商建設研究會理事長）
郭重興（共和國文化社長）
郭昕洮（環宇電台台長）
葉怡蘭（美食生活作家）
崔慈芬（中國傳媒大學教授）
康文炳（30雜誌總編輯）
許勝雄（金寶電子工業股份有限公司董事長）
陳海茵（中天新聞主播）
陳孝萱（節目主持人）
陳　浩（中天電視台執行副總）
陳鳳馨（節目主持人）
陳樂融（節目主持人）
彭懷真（東海大學社會工作系副教授）
傅　娟（節目主持人）
董智森（節目主持人）
詹宏志（PC home Online網路家庭董事長）
楊仁烽（城邦出版控股集團營運長）
楊　樺（TVBS國際新聞中心主任）
詹仁雄（節目製作人）
賈永婕（藝人）
溫筱鴻（嘉裕股份有限公司大中華區總經理）
趙少康（飛碟電台董事長）
廖筱君（年代晚間新聞主播）
劉必榮（東吳大學政治系教授）
劉柏園（遊戲橘子總經理）
劉　謙（作家）
劉陳傳（住邦房屋總經理）
蔡惠子（勝達法律事務所律師）
蔡雪泥（功文文教機構總裁）
蔡詩萍（節目主持人）
賴士葆（立法委員）
盧郁佳（作家）
蕭碧華（聯傑財物顧問股份有限公司暨作家）
謝金河（今周刊社長）
謝瑞真（北京同仁堂台灣旗艦店總經理）
謝國樑（立法委員）
簡志宇（無名小站創辦人兼總經理）
聶　雲（節目主持人）
蘇拾平（城邦出版集團顧問）
蘭　萱（節目主持人）

——**近百位名人同慶賀！**（依姓氏筆劃排序）

高寶書版35週年慶 百位名人同祝賀

風雨名山，金匱石室；深耕文化，再創新猷。 ──台北市長 馬英九

高寶書版，熱情創新，領航文化。 ──中國國民黨中常委 連勝文

高來高去，想像無限，寶裡寶氣，趣味無窮。 ──飛碟電台董事長 趙少康

圓滿的人生旅途中，最好有好書相伴，高寶給大家創意與力量！
──今周刊社長 謝金河

受人性的溫暖，照耀的出版公司。 ──蘋果日報總主筆 卜大中

高寶35歲了。我相信她會永續經營，所以這不算是上半場，只算是第一章。我祝福她，也進入一個新階段。用更多的好書，讓所有的讀者活得更快樂。 ──作家 王文華

以華人的角度，國際的視野去感知世界。
──中國出版研究所副所長 辛廣偉

就像一個青壯人士，35歲的高寶將可在優異的基礎上更上層樓，為中文出版界們貢獻。 ──政治大學商管學院院長 周行一

從修身到齊家、感性到理性、兩性到兩岸-高寶書版集團既是良師也是益友！ ──淡江大學中國大陸研究所教授 張五岳

知識乃發展永續的源頭，而高寶三十五年來透過讓讀者讀好書，成功賦予了社會豐沛的成長動能。請繼續努力！
──中華民國工商建設研究會理事長 郭台強

未來有更多個三十五年，往高業績、高品質、高效率邁進。
──中央大學經濟系教授兼台灣中心主任暨作家 朱雲鵬

從高寶，我學到許多出版經營的方法，十分感謝！
──城邦出版集團首席執行長 何飛鵬

堅持出好書，成為受尊敬的出版社。──城邦出版控股集團營運長 楊仁烽

35歲，芳華正茂，祝希代更猛！更勇！ ──時報出版公司總經理 莫昭平祝

高寶集團發展開闊。 ——大塊文化出版股份有限公司董事長 郝明義

耐心、用心、恆心，寶書豐盈。 ——smart智富月刊社長 林奇芬

恭喜35歲的高寶,比新生兒還有生命力與創造力。
——天下雜誌出版總編輯 金玉梅

高居排行，讀者之寶。 ——中華民國圖書發行協進會理事長 王承惠

祝高寶書版集團，博學的客人都來，與「博客來」共同順應時代巨輪大步邁進。 ——博客來網路書店總經理 張天立

恭祝高寶集團，持續出版優質書籍。 ——金石堂圖書股份有限公司 周正剛

高品質的書，永遠是我們心中的至寶。 ——作家 侯文詠

願高寶為台灣帶來更多的文化創意，思考與心靈的活力。 ——作家 郝譽翔

期待穩健成長，更上一層樓。 ——聯傑財物顧問股份有限公司暨作家 蕭碧華

不是好書高寶不出。 ——作家 劉謙

翰墨圖書，皆成鳳采，往來談笑，盡是鴻儒；祝福高寶歡欣迎接下個三十五年！ ——作家 夏韻芬

謝謝高寶書版的用心，讓好書成為我們的精神糧食。 ——立法委員 李慶安

書語紛飛，潤澤心靈；閱讀悅讀，擁抱活泉。
——永然法律律師事務所律師 李永然

希望知識代代積累。 ——星空傳媒集團台灣分公司總經理 周瓚

出版柱石，蜚聲高寶。 ——環宇電台台長 郭昕洮

年代好書，盡在高寶。 ——中天新聞主播 陳海茵

閱讀就像陽光、空氣、水，是活著的基本要素，高寶書版集團帶給我們生活的樂趣，美好的閱讀經驗！ ——節目主持人 尹乃菁

好讀書，讀好書是我單身生活的一大樂趣。「高寶書版集團」辛苦耕耘35年，灌溉出繁花似錦，結了我生活的好風景。 ——節目主持人 蘭萱